河南省工程建设标准设计

内置保温现浇混凝土墙体构造

DBJT19-06-2018

河南省工程建设标准设计管理办公室　主编

黄 河 水 利 出 版 社

·郑州·

图书在版编目（CIP）数据

内置保温现浇混凝土墙体构造 / 河南省工程建设标准设计
管理办公室主编. —郑州：黄河水利出版社，2019.9
　ISBN 978-7-5509-2522-9

　Ⅰ.①内… Ⅱ.①河… Ⅲ.①现浇混凝土-保温-墙-标准-
河南 Ⅳ.①TU761.1-65

中国版本图书馆 CIP 数据核字（2019）第 212879 号

策划编辑：贾会珍 　　电话：0371-66028027 　　E-mail：xiaojia619@126.com

出　版　社：黄河水利出版社
　　　　　　地址：郑州市金水区顺河路黄委会综合楼 14 层 　　邮政编码：450003
发行单位：黄河水利出版社
　　　　　　发行部电话：0371-66026940、66020550、66028024、66022620（传真）
　　　　　　E-mail：hhslcbs@126.com
承印单位：河南承创印务有限公司
开本：787mm×1 092mm 　1/16
印张：3.5
字数：74 千字 　　　　　　　　　　　　　　　　印数：1—5 000
版次：2019 年 10 月第 1 版 　　　　　　　　　　印次：2019 年 10 月第 1 次印刷

定价：45.00 元

河南省工程建设标准设计

公　告

第　2　号

关于发布河南省工程建设标准设计《蒸压加气混凝土板材墙体构造》、《内置保温现浇混凝土墙体构造》二项图集的公告

由河南省建筑科学研究院有限公司编制的《蒸压加气混凝土板材墙体构造》、《内置保温现浇混凝土墙体构造》二项标准设计图集，经河南省工程建设标准设计技术委员会评审通过，现批准发布为河南省标准设计，自 2019.9.1 起生效,原 13YTJ106《内置保温现浇混凝土墙体构造》同时作废。标准设计图集技术问题由编制单位负责解释。

附件：标准设计图集名称

河南省工程建设标准设计管理办公室

2019.9.1

附件

标准设计图集名称

图集号	统一编号	图集名称	编制单位	发布日期	有效期（年）
19YJT117	DBJT19-05-2018	蒸压加气混凝土板材墙体构造	河南省建筑科学研究院有限公司	2019.9.1	3
19YJT118	DBJT19-06-2018	内置保温现浇混凝土墙体构造	河南省建筑科学研究院有限公司	2019.9.1	3

内置保温现浇混凝土墙体构造
编 审 名 单

编制组负责人：李建民　张培霖

编制组成员：苗　立　魏洪献　倪童心　张　宇　周钰琪　任　飞　卢英英　郝珈漪　张秋生

审查组组长：李　光

审查组成员：季三荣　郑丹枫　徐公印　周建松

协编单位技术人员：

郑州市建筑节能与装配式建筑管理办公室　王春喜

河南西艾尔墙体科技有限公司　尤书建　郭晋生

河南省德嘉丽科技开发有限公司　李明献　李浩民

郑州华亿新型建材有限公司　马寅栋

河南盛都环保科技集团有限公司　许玉龙　王丹芝

河南省华诺节能科技有限公司　苏　兴　王萌萌

濮阳恒瑞建材科技有限公司　胡忠刚　吕春侠

河南省雅阁新材料有限公司　李保修　段江生

河南省祥巍环保科技集团　孔祥利　白庆祝

河南睿利特新型建材有限公司　张功利　张强功

新乡市英姿建材有限公司　曹智红　冯文斌

河南煜地建材有限公司　刘海叶

许昌宏创节能建材装饰有限公司　赵中远

河南省奥科保温节能材料技术开发有限公司　徐振飞

河南太阳伞节能科技有限公司　段新伟

河南朝钦节能建材有限公司　刘广东

河南裕之泰新能源科技有限公司（河南民为天实业有限公司）　陈战永　李荣超

安能绿色建筑科技有限公司　张学勇

郑州锦源新型节能材料有限公司　陈绪霞　郝　建

李建民

审核

张培霖

校对

倪童心

设计

倪童心

制图

内置保温现浇混凝土墙体构造

河南省工程建设标准设计统一编号：DBJT19-06-2018　　　图集号：19YJT118

编制单位：河南省建筑科学研究院有限公司

编制单位负责人　刘宏奎
编制单位技术负责人　李建民
技术审定人　徐宏峰
设计负责人　李建民

张培霖

目　录

	图集号	19YJT118
目　录	页次	01

李建民

李建民

审 核

张培霖

张培霖

校 对

倪童心

倪童心

设 计

倪童心

倪童心

制 图

目 录

预制外层混凝土墙体构造

编 制 说 明

1 适用范围

1.1 本图集适用于河南省抗震设防烈度为8度及8度以下地区的民用建筑，工业建筑可参考采用。

1.2 本图集适用于建筑高度不超过100m的建筑。

2 编制依据

《建筑材料及制品燃烧性能分级》	GB 8624—2012
《建筑用硅酮结构密封胶》	GB 16776—2005
《建筑结构荷载规范》	GB 50009—2012
《混凝土结构设计规范》(2015年版)	GB 50010—2010
《建筑抗震设计规范》(2016年版)	GB 50011—2010
《建筑设计防火规范》(2018年版)	GB 50016—2014
《民用建筑热工设计规范》	GB 50176—2016
《公共建筑节能设计标准》	GB 50189—2015
《混凝土结构工程施工质量验收规范》	GB 50204—2015
《建筑装饰装修工程质量验收标准》	GB 50210—2018
《建筑工程施工质量验收统一标准》	GB 50300—2013
《建筑节能工程施工质量验收规范》	GB 50411—2007
《墙体材料应用统一技术规范》	GB 50574—2010
《绝热用模塑聚苯乙烯泡沫塑料》	GB/T 10801.1—2002
《绝热用挤塑聚苯乙烯泡沫塑料(XPS)》	GB/T 10801.2—2018
《建筑保温砂浆》	GB/T 20473—2006
《建筑绝热用硬质聚氨酯泡沫塑料》	GB/T 21558—2008
《高层建筑混凝土结构技术规程》	JGJ 3—2010
《钢筋焊接及验收规程》	JGJ 18—2012
《严寒和寒冷地区居住建筑节能设计标准》	JGJ 26—2018
《钢筋焊接网混凝土结构技术规程》	JGJ 114—2014
《夏热冬冷地区居住建筑节能设计标准》	JGJ 134—2010
《外墙外保温工程技术标准》	JGJ 144—2019
《建筑施工模板安全技术规范》	JGJ 162—2008
《无机轻集料砂浆保温系统技术规程》	JGJ 253—2011
《建筑外墙外保温防火隔离带技术规程》	JGJ 289—2012
《建筑外墙防水工程技术规程》	JGJ/T 235—2011
《内置保温现浇混凝土复合剪力墙技术标准》	JGJ/T 451—2018
《聚氨酯建筑密封胶》	JC/T 482—2003
《耐碱玻璃纤维网布》	JC/T 841—2007
《外墙保温用锚栓》	JG/T 366—2012
《自密实混凝土应用技术规程》	CECS 203：2006
《河南省居住建筑节能设计标准(寒冷地区65%+)》	DBJ41/062—2017
《河南省居住建筑节能设计标准(夏热冬冷地区)》	DBJ41/071—2012
《河南省公共建筑节能设计标准》	DBJ41/T 075—2016
《复合保温钢筋焊接网架混凝土墙技术规程》	DBJ41/T 080—2012
《砌块墙体自保温体系技术规程》	DBJ41/T 100—2015
《混凝土保温幕墙工程技术规程》	DBJ41/T 112—2016
《免拆复合保温模板应用技术规程》	DBJ41/T 146—2017
《现浇混凝土内置保温墙体技术规程》	DBJ41/T 186—2017

编制说明（一）

李建民 李建2

审核 张湖北赋

魏洪献 魏洪献

校对 张湖北

张培森 张湖北

设计 张培森

张培森 张湖北

制图

《河南省居住建筑节能设计标准(寒冷地区75%)》 DBJ41/T184—2017

3 编制内容

3.1 本图集为内置保温现浇混凝土墙体构造图集。图集中保温系统分为 A、B、C、D四种类型,均为建筑保温与结构一体化体系。主要内容包括系统构造、主要部位节点详图和保温层厚度选用表。

3.2 建筑保温与结构一体化体系集保温隔热与围护结构功能于一体,在满足建筑节能要求的同时满足防火要求,实现建筑保温与结构同寿命。

3.3 本图集编制的内置保温现浇混凝土墙体,由外层混凝土、钢筋焊接网、保温层和内层承重混凝土组成,外层混凝土和内层承重混凝土由拉结杆件连接。根据我省常用的技术体系,墙体构造包括:

A型:复合保温钢筋焊接网架混凝土墙建筑构造

B型:混凝土保温幕墙建筑构造

C型:内置保温混凝土墙建筑构造

D型:免拆复合保温模板建筑构造

3.4 内置保温现浇混凝土墙体工程施工前应做样板墙,经建设、设计和监理等单位确认合格后方可施工。

3.5 本图集墙体构造采用面砖饰面做法时,应符合国家和地区标准要求。

4 主要材料性能要求

4.1 本图集构造做法中所涉及的各种材料必须符合国家、行业、地方现行相关标准规定,严禁使用国家、地方禁止与淘汰的材料。

4.2 混凝土:外层混凝土强度等级不应低于C25,宜采用自密实混凝土,内层承重混凝土由设计确定,混凝土物理力学性能指标应满足《混凝土结构设计规范》GB 50010的相关规定。

4.3 焊接网钢筋:钢筋应采用CDW550级冷拔低碳钢丝、HRB400级热轧带肋钢筋或CRB550级冷轧带肋钢筋。钢筋直径不应小于3mm。

CDW550级冷拔低碳钢丝的物理力学性能指标应符合《冷拔低碳钢丝应用技术规程》JGJ 19 的相关规定。

HRB400级热轧带肋钢筋强度标准值应具有不小于95%的保证率,物理力学指标应符合《混凝土结构设计规范》GB 50010的相关规定。

CRB550级冷轧带肋钢筋的物理力学性能指标应满足《冷轧带肋钢筋》GB/T 13788的相关规定。

4.4 连接件

4.4.1 A型的拉结杆件钢材等级不低于Q235B级,直径不小于8mm。

4.4.2 B型的连接件主要由型钢、钢筋或混凝土制作。

型钢制连接件所用钢材应符合《碳素结构钢》GB/T 700中关于Q235B级的规定。型钢制连接件穿透保温板的部分应做防腐处理。型钢制连接件所用角钢应符合《热轧型钢》GB/T 706的相关规定。

混凝土制连接件所采用混凝土强度等级不应低于C30。钢筋应采用HRB400级热轧带肋钢筋。

4.4.3 C型拉结杆件钢筋强度等级不小于HRB400级,直径不小于8mm,间距不大于400mm,距离保温板边距不小于100mm。拉结杆件穿透保温板的部分应做防腐处理。

4.4.4 D型专用连接件钢材等级不低于Q345B级,可采用直径不小于14mm 金属螺杆或外径不小于18mm、壁厚不小于2mm的钢管。A型、C型也可选用此专用连接件。当采用专用连接件进行连接设计时,专用连接件应满足承载要求,可不设置锚固键。

| 编制说明(二) | 图集号 | 19YJT118 |
| | 页次 | 04 |

4.5 墙体保温材料燃烧性能等级依据《建筑材料及制品燃烧性能分级》GB 8624-2012划分，见表4.5。

表4.5 建筑材料及制品的燃烧性能等级

燃烧性能等级	名称	氧指数值
A	不燃材料（制品）	—
B_1	难燃材料（制品）	$OI \geqslant 30\%$
B_2	可燃材料（制品）	$OI \geqslant 26\%$

4.6 模塑聚苯板（EPS）

模塑聚苯板(EPS)除应符合《绝热用模塑聚苯乙烯泡沫塑料》GB/T 10801.1规定外，其性能指标还应符合表4.6的规定。

表4.6 模塑聚苯板（EPS）性能指标

项 目	单 位	性能指标	
		039级	033级
导热系数	$W/(m \cdot K)$	$\leqslant 0.039$	$\leqslant 0.033$
表观密度	kg/m^3	$18 \sim 22$	
抗拉强度	MPa	$\geqslant 0.1$	
压缩强度	MPa	$\geqslant 0.2$	
尺寸稳定性	%	$\leqslant 0.3$	
弯曲变形	mm	$\geqslant 20$	
水蒸气渗透系数	$ng/(Pa \cdot m \cdot s)$	$\leqslant 4.5$	
吸水率（浸水96h）	%	$\leqslant 3.0$	
燃烧性能	级	不低于B_2	B_1级

4.7 挤塑聚苯板（XPS）

挤塑聚苯板(XPS)除应符合《绝热用模塑聚苯乙烯泡沫塑料》GB/T 10801.2规定外，其性能指标还应符合表4.7的规定。

表4.7 挤塑聚苯板（XPS）性能指标

项 目	单 位	指 标
表观密度	kg/m^3	$22 \sim 35$
导热系数（25℃）	$W/(m \cdot K)$	不带表皮的毛面板，$\leqslant 0.032$
		带表皮的开槽板，$\leqslant 0.030$
抗拉强度	MPa	$\geqslant 0.2$
压缩强度	MPa	$\geqslant 0.2$
尺寸稳定性	%	$\leqslant 1.2$
弯曲变形	mm	$\geqslant 20$
水蒸气透湿系数	$ng/(Pa \cdot m \cdot s)$	$3.5 \sim 1.5$
吸水率（浸水96h）	%	$\leqslant 1.5$
燃烧性能	级	不低于B_2

4.8 硬泡聚氨酯板

硬泡聚氨酯板除应符合《建筑绝热用硬质聚氨酯泡沫塑料（XPS）》GB/T 21558规定外，其性能指标还应符合表4.8规定。

4.9 无机保温砂浆

无机保温砂浆除应符合《无机轻集料砂浆保温系统技术规程》JGJ 253规定外，其性能指标还应符合表4.9规定。无机保温砂浆主要用于局部热桥处理。

表4.8 硬泡聚氨酯板性能指标

项　　　目	单　位	指　标
干密度（芯材）	kg/m³	≥40
导热系数（芯材）	W/(m·K)	≤0.022
面材与芯材拉伸黏结强度	MPa	≥0.15(芯材破坏)
压缩强度	MPa	≥0.2
尺寸稳定性　80℃,48h	%	≤1.0
尺寸稳定性　-30℃,48h	%	≤0.5
吸水率	%(V/V)	≤2.5
燃烧性能	级	不低于B_1

表4.9 无机轻集料保温砂浆性能指标

项　　目	单　位	指　标		
		I型	II型	III型
干密度	kg/m³	≤350	≤450	≤550
导热系数	W/(m·K)	≤0.070	≤0.085	≤0.100
抗压强度	MPa	≥0.50	≥1.00	≥2.50
拉伸黏结强度	MPa	≥0.10	≥0.15	≥0.25
燃烧性能	级	A		
稠度保留率	%	≥60		
线性收缩率	%	≤0.25		
软化系数	—	≥0.60		
抗冻性能　抗压强度损失率	%	≤20		
抗冻性能　质量损失率	%	≤5		

续表4.9 无机轻集料保温砂浆性能指标

项　　目	单　位	指　标		
		I型	II型	III型
石棉含量	%	不含石棉纤维		
放射性（放射性比活度）	—	应同时满足$I_{Ra}≤1.0$和$I_γ≤1.0$		

4.10 耐碱玻璃纤维网布（以下简称耐碱网布）的性能指标应符合表4.10的规定。

表4.10 耐碱玻璃纤维网布性能指标

检验项目	单　位	性能要求
单位面积质量	g/m²	≥160
耐碱断裂强力	N/50mm	≥1250
耐碱断裂强力保留率（经、纬向）	%	≥90
断裂伸长率（经、纬向）	%	≤4.0
经、纬密度	根/25mm	5~8
拉伸断裂强力（经、纬向）	N/50mm	≥1000
可燃物含量	%	≥12
氧化锆、氧化钛含量	%	ZrO_2含量（14.5±0.8）且TiO_2含量（6±0.5）或ZrO_2和TiO_2含量≥19.2且ZrO_2含量≥13或ZrO_2含量≥16

4.11 镀锌电焊网的性能指标应符合表4.11的规定，检验方法应按
《镀锌电焊网》QB/T 3897的有关规定执行。镀锌电焊网主要用于不同
墙体材料连接处的加强。

表4.11 镀锌电焊网性能指标

项　目	单　位	指　标
镀锌工艺	–	先焊接后热镀锌
丝径	mm	0.9 ± 0.04
网孔大小	mm	12.7×12.7
焊点抗拉力	N	>65
镀锌层质量	g/m^2	$\geqslant 122$

4.12 圆盘锚栓的主要性能指标应符合表4.12的规定。

表4.12 圆盘锚栓的主要性能指标

		指　标	
项　目	单　位	单个锚栓抗拉承载力标准值	锚栓圆盘的抗拔力标准值
基材	混凝土	kN	$\geqslant 0.60$	
	空心砖	kN	$\geqslant 0.50$	
	多孔砖	kN	$\geqslant 0.40$	$\geqslant 0.50$
	混凝土小型空心砌块	kN	$\geqslant 0.30$	
	蒸压加气混凝土	kN	$\geqslant 0.30$	

4.13 胶粘剂的性能指标应符合表4.13的规定。

表4.13 胶粘剂性能指标

项　目		单位	指　标
拉伸黏结强度	与水泥砂浆试块 常温常态14d		$\geqslant 0.7$
	与水泥砂浆试块 耐水（浸水48h, 放置24h）	MPa	$\geqslant 0.5$
	与水泥砂浆试块 耐冻融（冻融循环25次）		$\geqslant 0.5$
	与保温板（$18kg/m^3$） 常温常态14d		$\geqslant 0.10$且聚苯板破坏
	与保温板（$18kg/m^3$） 耐水（浸水48h, 放置24h）	MPa	$\geqslant 0.10$且聚苯板破坏
	与保温板（$18kg/m^3$） 耐冻融（冻融循环25次）		$\geqslant 0.10$且聚苯板破坏
可操作时间		h	$\geqslant 2.0$
抗压强度/抗折强度		—	$\leqslant 3.0$

4.14 建筑密封胶

可采用聚氨酯或硅酮型建筑密封胶，技术性能应符合国家现行《聚氨酯
建筑密封胶》JC/T 482和《建筑用硅酮结构密封胶》GB 16776要求。

5 墙身构造

5.1 A型墙身建筑构造见表5.1.1，B型墙身建筑构造见表5.1.2，C型墙
身建筑构造见表5.1.3，D型墙身构造见表5.1.4。

5.2 采用内置保温现浇混凝土墙体的建筑应按国家现行标准中关于现
浇剪力墙结构的规定设置伸缩缝、抗震缝和沉降缝。

5.3 内置保温现浇混凝土墙体的保温层宜采用模块化保温板或企口插
接。插接构造示意见图5.3。

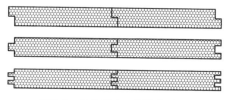

图5.3 保温板企口插接构造

5.4 外层混凝土中钢筋焊接网搭接长度应符合《钢筋焊接网混凝土结构技术规程》JGJ114的相关规定。

6 节能设计

6.1 围护结构热桥部位内表面温度根据单项工程计算，并应保证其内表面温度不低于当地室外计算温度条件下的露点温度。若低于室内露点温度，热桥部位应采取保温措施进行保温处理。

7 其他

7.1 本图集未注明尺寸均以毫米（mm）为单位。

7.2 本图集节点详图索引方法

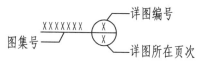

7.3 内置保温现浇混凝土墙体设计时，除满足本图集规定外，尚应符合国家及地方现行标准的相关规定。

7.4 在图集使用中，本图集所依据的标准若更新后，本图集与现行工程建设标准不符的内容视为无效。工程技术人员在参考使用时，应注意加以区分。

表5.1.1　A型墙身构造

		A1型	A2型	A3型
墙体竖向剖面图				
编　号		A1型	A2型	A3型
适用范围		承重墙		非承重墙
规格尺寸	外层混凝土 a(mm)	≥50mm,宜采用自密实混凝土		≥50mm,保温板两侧厚度单体工程设计,宜采用自密实混凝土
	保温层 δ(mm)	单体工程设计,优先选用模块化保温板		单体工程设计
	内层混凝土墙体 b(mm)	单体工程设计		单体工程设计
	装饰面层 c(mm)	单体工程设计		单体工程设计
	钢筋焊接网①	Φ4@100或 Φ3@50双向钢筋焊接网（架）		≥Φ4@100双向钢筋焊接网
	拉结杆件②	成品件Φ8@400,双向布置	专用连接件不少于6个/m²	成品件Φ8@400,双向布置
	结构受力钢筋③	单体工程设计		
	斜插丝④	≥Φ3,≥50根/m²	—	—
备　注		采用普通拉结杆件,斜插丝	采用专用连接件	—

说明：1.采用专用连接件进行连接设计时,若专用连接件满足承载力要求,可不设置锚固键。

　　　2.当采用专用连接件时,100mm≤连接件中心至构件边缘距离≤300mm。

A型墙身构造	图集号	19YJT118
	页次	09

表5.1.2 B型墙身构造

		承重墙	非承重墙
墙体竖向剖面图			
适用范围		承重墙	非承重墙
规格尺寸	外层混凝土 a(mm)	≥50mm,宜采用自密实混凝土	≥50mm,宜采用自密实混凝土
	保温层 δ (mm)	单体工程设计,可选用XPS、EPS,优先选用XPS	单体工程设计,可选用XPS、EPS,优先选用XPS
	内层混凝土墙体 b(mm)	单体工程设计	单体工程设计
	装饰面层 c(mm)	单体工程设计	单体工程设计
	钢筋焊接网①	≥Φ4@100双向钢筋焊接网	≥Φ4@100双向钢筋焊接网
	连接件②	型钢制作或钢筋混凝土制作	型钢制作或钢筋混凝土制作
	结构受力钢筋③	单体工程设计	单体工程设计
	垫块④	安放间距≤500mm	安放间距≤500mm
	钢筋⑤	L≥100mm,Φ6 U型钢筋	L≥100mm,Φ6 U型钢筋

说明:1.连接件间距≤900mm,双向布置;100mm≤连接件中心至构件边缘距离≤300mm。

B型墙身构造	图集号	19YJT118
	页次	010

表5.1.3 C型墙身构造一

墙体竖向剖面图			
编　号	C1型	C2型	C3型
适用范围	承重墙		

规格尺寸				
外层混凝土 a(mm)	≥50mm,宜采用自密实混凝土		
保温层 δ(mm)	单体工程设计		
内层混凝土墙体 b(mm)	单体工程设计		
装饰面层 c(mm)	单体工程设计		
钢筋焊接网架 外层钢筋网①	Φ4@100或 Φ3@50双向钢筋焊接网		
内层钢筋网②	≥Φ3@200双向钢筋焊接网		
插筋③	≥Φ3@200		
拉结杆件④	Φ8@400的HRB400级钢筋,双向布置	专用连接件不少于6个/m²	专用连接件不少于6个/m²
结构受力钢筋⑤	单体工程设计		
斜插丝⑥	—	—	≥Φ3,≥50根/m²
备　注	采用普通拉结杆件,直插丝	采用专用拉结杆件,直插丝	采用专用拉结杆件,斜插丝

说明:1.采用专用连接件进行连接设计时,若专用连接件满足承载力要求,可不设置锚固键。

　　　2.当采用专用连接件时,100mm≤连接件中心至构件边缘距离≤300mm。

李建民
李建民

审核 张培霖 张培霖

校对 倪童心 倪童心

设计 倪童心 倪童心

制图 倪童心 倪童心

续表5.1.3　C型墙身构造二

墙体竖向剖面图

编　号	C4型	C5型
适用范围	非承重墙	
规格尺寸 外层混凝土a(mm)	≥50mm,保温板两侧厚度单体工程设计,宜采用自密实混凝土	
保温层δ(mm)	单体工程设计	
内层混凝土墙体b(mm)	单体工程设计	
装饰面层c(mm)	单体工程设计	
钢筋焊接网架 外层钢筋网①	Φ4@100或Φ3@50双向钢筋焊接网	Φ4@100或Φ3@50双向钢筋焊接网
内层钢筋网②	≥Φ3@100双向钢筋焊接网	—
插筋③	≥Φ3@100	—
拉结杆件④	坐8@400的HRB400级钢筋,双向布置	
结构受力钢筋⑤	单体工程设计	单体工程设计
斜插丝⑥	—	≥Φ3,≥50根/m²
备　注	采用普通拉结杆件,直插丝	采用普通拉结杆件,斜插丝

说明: 1.采用专用连接件进行连接设计时,若专用连接件满足承载力要求,可不设置锚固键。

2.当采用专用连接件时,100mm≤连接件中心至构件边缘距离≤300mm。

C型墙身构造二

李建民
李建民

审核
张培霖
华培霖

校对
倪童心 侯童心

设计
倪童心 侯童心

制图

表5.1.4 D型墙身构造

墙体竖向剖面图

模板轻质混凝土面层
现场抹面层

模板板材面层
现场抹面层

编　号	D1型	D2型	D3型
适用范围	承重墙		非承重墙

规格尺寸	防护层a(mm)	a＝(免拆复合保温模板的轻质混凝土面层+现场轻质混凝土抹面)≥50mm	a＝(免拆复合保温模板的板材面层+现场轻质混凝土抹面)≥50mm	免拆复合保温模板的轻质混凝土面层 a≥50mm
	保温层δ(mm)	单体工程设计		
	内层混凝土墙体b(mm)	单体工程设计		
	装饰面层c(mm)	单体工程设计		
	钢筋焊接网①	Φ4@100或 Φ3@50双向钢筋焊接网	Φ4@100或 Φ3@50双向钢筋焊接网	Φ4@100或 Φ3@50双向钢筋焊接网
	专用连接件②	不少于6个/m²	不少于6个/m²	不少于6个/m²
	结构受力钢筋③	单体工程设计		
	斜插丝④	≥Φ3,≥50根/m²	—	≥Φ3,≥50根/m²
备　注		若模板面层厚度可满足防火要求（≥50mm）时，现场轻质混凝土抹面取消		—

说明：1. 当采用专用连接件时，100mm≤连接件中心至构件边缘距离≤300mm。

2. 专用连接件设置符合本表要求时，斜插丝可根据个体工程设计选用。

	D型墙身构造	图集号	19YJT118
		页次	013

表5.2 热工指标及厚度选用表(EPS板 039级)

类型	构造简图	构造层	厚度 (mm)	墙体总厚度 (mm)	导热系数 λ [W/(m·K)]	蓄热系数 S [W/(m²·K)]	修正系数 a	各层热阻 R (m²·K/W)	各层热惰性指标 Di	系统修正系数	传热阻 R0 (m²·K/W)	传热系数 K (W/m²·K)	总热惰性指标 D
承重墙		外层混凝土a	50		1.74	17.2	1.00	0.029	0.499				
		保温层δ (EPS板 039级)	40	290	0.039	0.28	1.05	0.977	0.274	1.05	1.210	0.826	2.620
			50	300		0.28		1.221	0.342		1.443	0.693	2.685
			60	310		0.28		1.465	0.410		1.675	0.597	2.750
			70	320		0.28		1.709	0.479		1.908	0.524	2.815
			80	330		0.28		1.954	0.547		2.141	0.467	2.880
			90	340		0.28		2.198	0.615		2.373	0.421	2.945
			100	350		0.28		2.442	0.684		2.606	0.384	3.010
		内层混凝土墙体b	200		1.74	17.2	1.00	0.115	1.978				
非承重墙		外层混凝土a	50		1.74	17.2	1.00	0.029	0.499				
		保温层δ (EPS板 039级)	80	180	0.039	0.28	1.05	1.954	0.547	1.05	2.059	0.486	1.471
			100	200		0.28		2.442	0.684		2.524	0.396	1.602
			120	220		0.28		2.930	0.820		2.989	0.335	1.731
			140	240		0.28		3.419	0.957		3.454	0.290	1.862
			160	260		0.28		3.907	1.094		3.919	0.255	1.992
			180	280		0.28		4.396	1.231		4.385	0.228	2.123
			200	300		0.28		4.884	1.368		4.850	0.206	2.253
		内层混凝土墙体b	50		1.74	17.2	1.00	0.029	0.499				

说明:内置保温现浇混凝土墙热工设计应考虑穿过保温层的金属拉结件的"热桥"效应和保温层压缩等影响,对系统热工指标进行修正,表中系统修正系数取1.05。当采用有斜插丝的墙体构造时,系统修正系数取1.2。

热工指标及厚度选用表(EPS板 039级)

李建民 李建民
审核
张培霖 张培霖
校对
倪童心 倪童心
设计
倪童心 倪童心
制图

表5.3 热工指标及厚度选用表（EPS板 033级）

类型	构造简图	构造做法 构造层	厚度 (mm)	墙体总厚度 (mm)	导热系数 λ [W/(m·K)]	蓄热系数 S [W/(m²·K)]	修正系数 a	各层热阻 R (m²·K/W)	各层热惰性指标 D_i	系统修正系数	传热阻 R_0 (m²·K/W)	传热系数 K (W/m²·K)	总热惰性指标 D
承重墙		外层混凝土a	50		1.74	17.2	1.00	0.029	0.499				
		保温层δ（EPS板 033级）	40	290		0.28		1.154	0.323		1.379	0.725	2.667
			50	300		0.28		1.443	0.404		1.654	0.605	2.744
			60	310		0.28		1.732	0.485		1.930	0.518	2.821
			70	320	0.033	0.28	1.05	2.020	0.566	1.05	2.204	0.454	2.898
			80	330		0.28		2.309	0.647		2.479	0.403	2.975
			90	340		0.28		2.597	0.727		2.753	0.363	3.051
			100	350		0.28		2.886	0.808		3.029	0.330	3.129
		内层混凝土墙体b	200		1.74	17.2	1.00	0.115	1.978				
非承重墙		外层混凝土a	50		1.74	17.2	1.00	0.029	0.499				
		保温层δ（EPS板 033级）	80	180		0.28		2.309	0.647		2.397	0.417	1.567
			100	200		0.28		2.886	0.808		2.947	0.339	1.720
			120	220		0.28		3.463	0.970		3.496	0.286	1.874
			140	240	0.033	0.28	1.05	4.040	1.131	1.05	4.046	0.247	2.028
			160	260		0.28		4.618	1.293		4.596	0.218	2.182
			180	280		0.28		5.195	1.455		5.146	0.194	2.336
			200	300		0.28		5.772	1.616		5.695	0.176	2.490
		内层混凝土墙体b	50		1.74	17.2	1.00	0.029	0.499				

说明：内置保温现浇混凝土墙热工设计应考虑穿过保温层的金属拉结件的"热桥"效应和保温层压缩等影响，对系统热工指标进行修正，表中系统修正系数取1.05。当采用有斜插丝的墙体构造时，系统修正系数取1.2。

热工指标及厚度选用表（EPS板 033级）	图集号 19YJT118
	页次 015

表5.4 热工指标及厚度选用表（XPS板）

类型	构造简图	构造层	厚度 (mm)	墙体总厚度 (mm)	导热系数 λ [W/(m·K)]	蓄热系数 S [W/(m²·K)]	修正系数 a	各层热阻 R (m²·K/W)	各层热惰性指标 D_i	系统修正系数	传热阻 R_0 (m²·K/W)	传热系数 K (W/m²·K)	总热惰性指标 D
承重墙		外层混凝土 a	50		1.74	17.2	1.00	0.029	0.499				
		保温层 δ（XPS板）	40	290	0.030	0.34	1.10	0.977	0.412	1.05	1.434	0.697	2.751
			50	300		0.34		1.221	0.515		1.723	0.580	2.850
			60	310		0.34		1.465	0.618		2.011	0.497	2.948
			70	320		0.34		1.709	0.721		2.300	0.435	3.046
			80	330		0.34		1.954	0.824		2.589	0.386	3.144
			90	340		0.34		2.198	0.927		2.877	0.348	3.242
			100	350		0.34		2.442	1.030		3.166	0.316	3.340
		内层混凝土墙体 b	200		1.74	17.2	1.00	0.115	1.978				
非承重墙		外层混凝土 a	50		1.74	17.2	1.00	0.029	0.499				
		保温层 δ（XPS板）	80	180	0.030	0.34	1.10	2.424	0.824	1.05	2.507	0.399	1.735
			100	200		0.34		3.030	1.030		3.084	0.324	1.931
			120	220		0.34		3.636	1.236		3.661	0.273	2.128
			140	240		0.34		4.242	1.442		4.238	0.236	2.324
			160	260		0.34		4.848	1.648		4.815	0.208	2.520
			180	280		0.34		5.455	1.855		5.393	0.185	2.717
			200	300		0.34		6.061	2.061		5.970	0.168	2.913
		内层混凝土墙体 b	50		1.74	17.2	1.00	0.029	0.499				

说明：内置保温现浇混凝土墙热工设计应考虑穿过保温层的金属拉结件的"热桥"效应和保温层压缩等影响，对系统热工指标进行修正，表中系统修正系数取1.05。当采用有斜插丝的墙体构造时，系统修正系数取1.2。

热工指标及厚度选用表（XPS板）

李建民 李建民

表5.5 热工指标及厚度选用表（硬泡聚氨酯板）

类型	构造简图	构造层	厚度(mm)	墙体总厚度(mm)	导热系数 λ [W/(m·K)]	蓄热系数 S [W/(m²·K)]	修正系数 a	各层热阻 R (m²·K/W)	各层热惰性指标 D_i	系统修正系数	传热阻 R_0 (m²·K/W)	传热系数 K [W/(m²·K)]	总热惰性指标 D
承重墙		外层混凝土	50		1.74	17.2	1.00	0.029	0.499				
		保温层（硬泡聚氨酯板）	40	290		0.29		1.449	0.420		1.660	0.602	2.759
			50	300		0.29		1.812	0.525		2.006	0.499	2.859
			60	310		0.29		2.174	0.630		2.350	0.426	2.959
			70	320	0.024	0.29	1.15	2.536	0.735	1.05	2.695	0.371	3.059
			80	330		0.29		2.899	0.841		3.041	0.329	3.160
			90	340		0.29		3.261	0.946		3.386	0.295	3.260
			100	350		0.29		3.623	1.051		3.730	0.268	3.360
		内层混凝土墙体	200		1.74	17.2	1.00	0.115	1.978				
非承重墙		外层混凝土	50		1.74	17.2	1.00	0.029	0.499				
		保温层（硬泡聚氨酯板）	80	180		0.29		2.899	0.841		2.959	0.338	1.751
			100	200		0.29		3.623	1.051		3.649	0.274	1.951
			120	220		0.29		4.348	1.261		4.339	0.230	2.151
			140	240	0.024	0.29	1.15	5.072	1.471	1.05	5.029	0.199	2.351
			160	260		0.29		5.797	1.681		5.719	0.175	2.551
			180	280		0.29		6.522	1.891		6.410	0.156	2.751
			200	300		0.29		7.246	2.101		7.099	0.141	2.951
		内层混凝土墙体	50		1.74	17.2	1.00	0.029	0.499				

说明：内置保温现浇混凝土墙热工设计应考虑穿过保温层的金属拉结件的"热桥"效应和保温层压缩等影响，对系统热工指标进行修正，表中系统修正系数取1.05。当采用有斜插丝的墙体构造时，系统修正系数取1.2。

热工指标及厚度选用表
（硬泡聚氨酯板）

左侧栏：审核 张培霖 校对 倪童心 设计 倪童心 制图

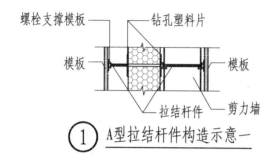

① A型拉结杆件构造示意一

螺栓支撑模板　钻孔塑料片

模板　　　模板

拉结杆件　剪力墙

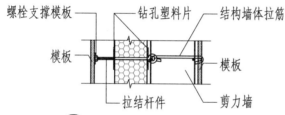

② A型拉结杆件构造示意二

螺栓支撑模板　钻孔塑料片　结构墙体拉筋

模板　　　模板

拉结杆件　剪力墙

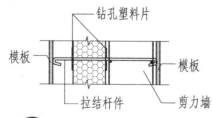

③ C型拉结杆件构造示意

钻孔塑料片

模板　　　模板

拉结杆件　剪力墙

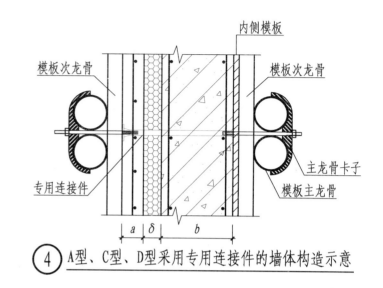

④ A型、C型、D型采用专用连接件的墙体构造示意

模板次龙骨　　内侧模板　　模板次龙骨

专用连接件　　　主龙骨卡子

模板主龙骨

a δ b

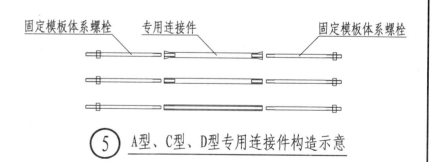

⑤ A型、C型、D型专用连接件构造示意

固定模板体系螺栓　专用连接件　固定模板体系螺栓

注：A型、C型、D型专用连接件可兼作模板支撑系统的对拉螺栓。

A型、C型拉结杆件构造 A型、C型、D型专用连接件构造	图集号	19YJT118
	页次	018

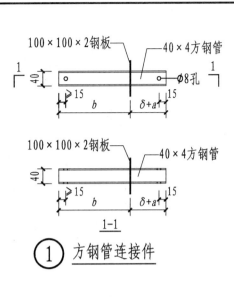

① **方钢管连接件**

② **角钢连接件**

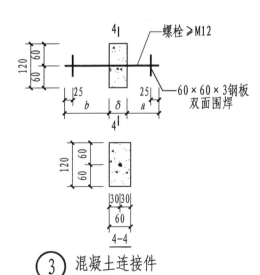

③ **混凝土连接件**

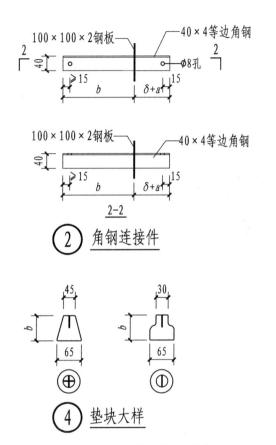

④ **垫块大样**

注：1. a为外层混凝土厚，δ为保温板厚，b为结构墙体厚，均单体工程设计。
　　2. 连接件为加工厂预制，型钢均为Q235B级，混凝土均为C30细石混凝土。
　　3. 钢管宜用泡沫混凝土填实。
　　4. 垫块为加工厂预制，宜选用工程塑料或细石混凝土制作，若满足钢筋网安装要求，
　　　 亦可选用其他形式及材料制作。

	B型连接件构造	图集号	19YJT118
		页次	019

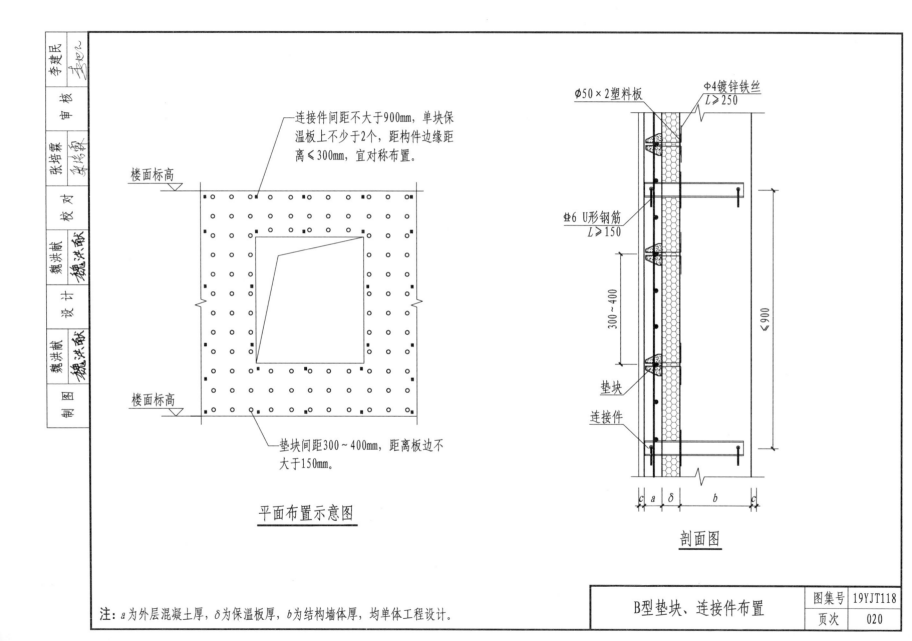

连接件间距不大于900mm，单块保温板上不少于2个，距构件边缘距离≤300mm，宜对称布置。

楼面标高

楼面标高

垫块间距300～400mm，距离板边不大于150mm。

平面布置示意图

Φ50×2塑料板

Φ4镀锌铁丝 L≥250

Φ6 U形钢筋 L≥150

300～400

≤900

垫块

连接件

c a δ b c

剖面图

注：a为外层混凝土厚，δ为保温板厚，b为结构墙体厚，均单体工程设计。

B型垫块、连接件布置

图集号 19YJT118

页次 020

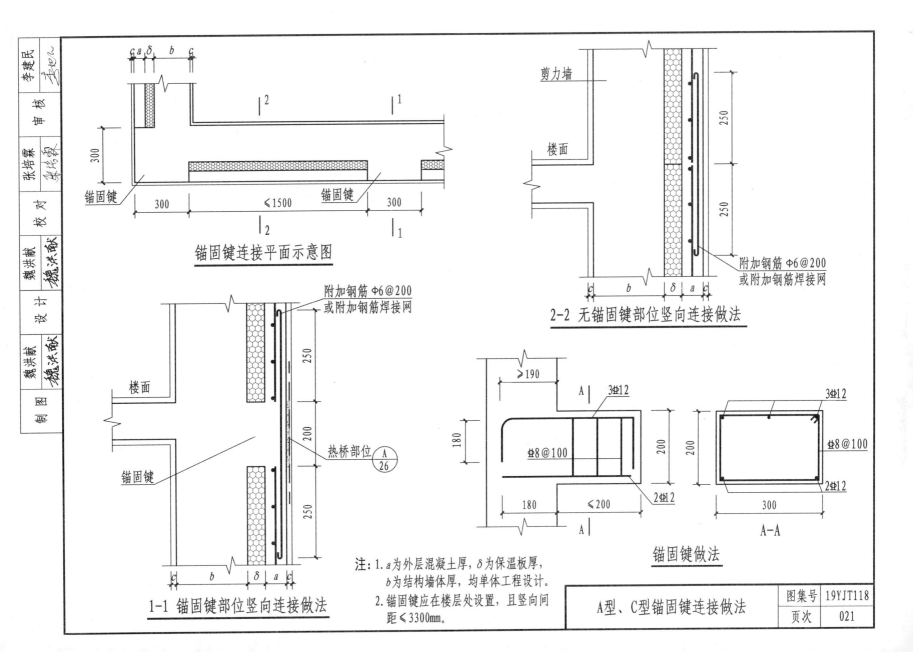

李建民	李建民
审 核	
张培霖	华培霖
校 对	
魏洪献	魏洪献
设 计	
魏洪献	魏洪献
制 图	

锚固键连接平面示意图

2-2 无锚固键部位竖向连接做法

附加钢筋 Φ6@200
或附加钢筋焊接网

剪力墙

楼面

附加钢筋 Φ6@200
或附加钢筋焊接网

热桥部位 $\overset{A}{26}$

楼面

锚固键

1-1 锚固键部位竖向连接做法

锚固键做法

3⌀12

⌀8@100

2⌀12

A—A

注:1. a为外层混凝土厚,δ为保温板厚,
     b为结构墙体厚,均单体工程设计。
   2. 锚固键应在楼层处设置,且竖向间
     距≤3300mm。

A型、C型锚固键连接做法

图集号	19YJT118
页次	021

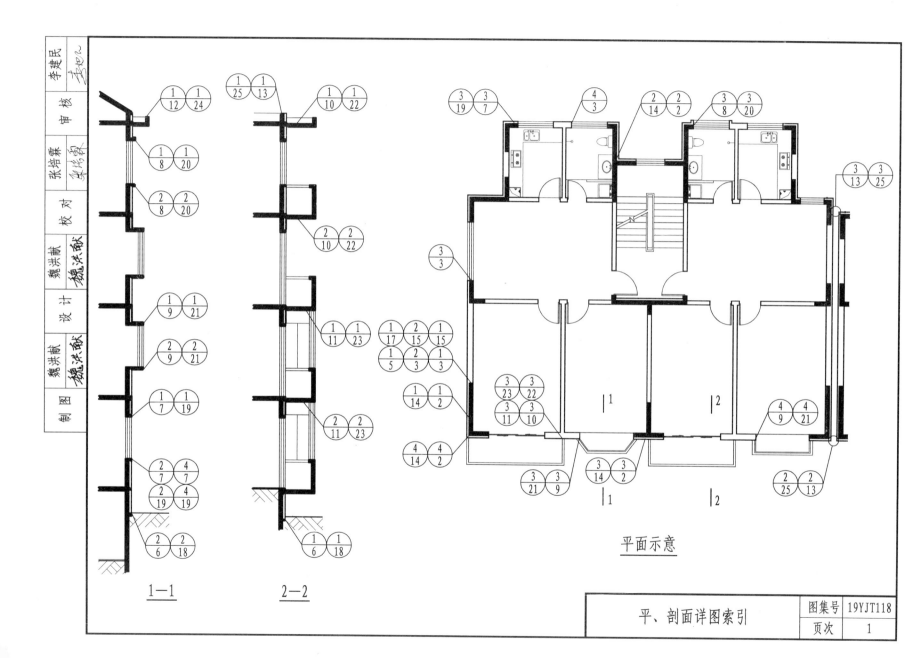

1—1

2—2

平面示意

平、剖面详图索引

图集号 19YJT118

页次 1

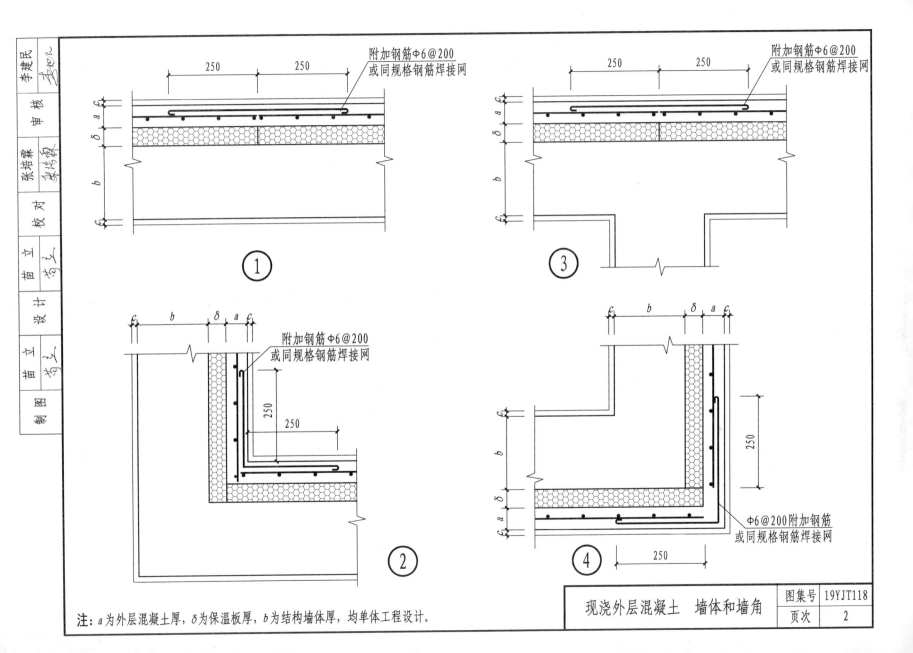

附加钢筋Φ6@200
或同规格钢筋焊接网

250 250

①

附加钢筋Φ6@200
或同规格钢筋焊接网

250 250

③

附加钢筋Φ6@200
或同规格钢筋焊接网

250

250

②

Φ6@200附加钢筋
或同规格钢筋焊接网

250

250

④

注：a为外层混凝土厚，δ为保温板厚，b为结构墙体厚，均单体工程设计。

现浇外层混凝土　墙体和墙角

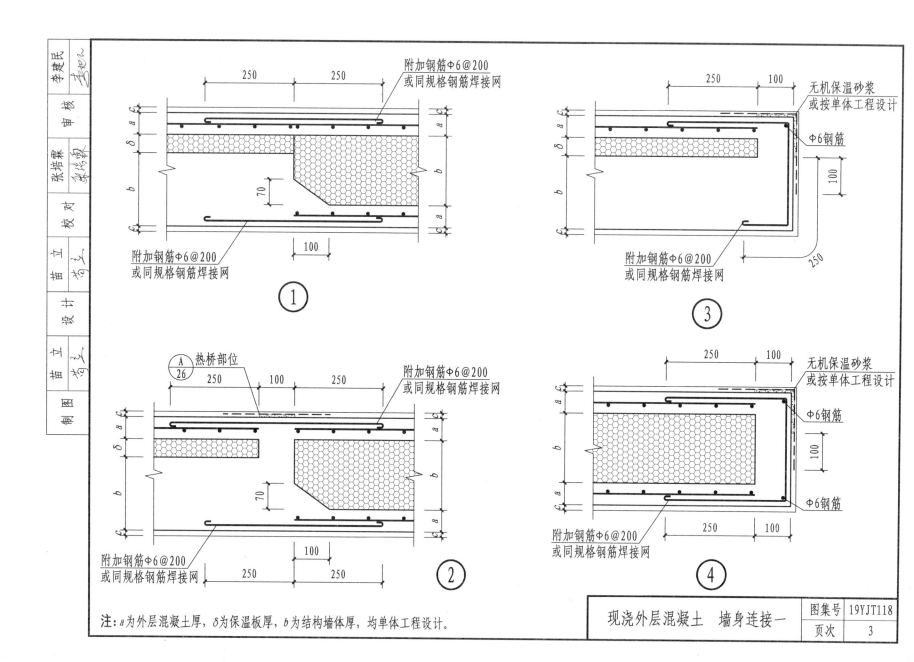

注：a为外层混凝土厚，δ为保温板厚，b为结构墙体厚，均单体工程设计。

现浇外层混凝土　墙身连接一

图集号 19YJT118

页次 3

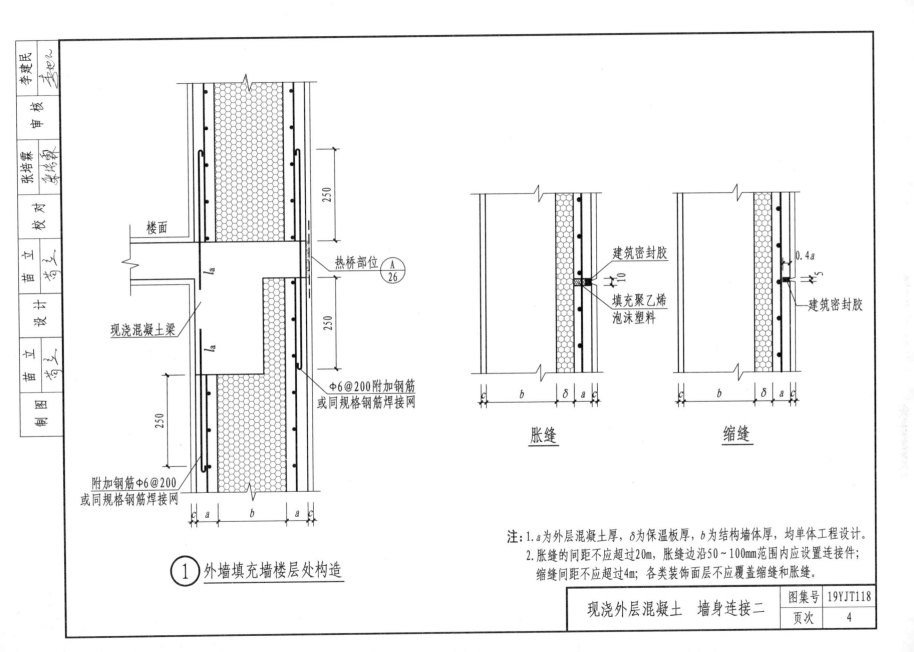

楼面

热桥部位 $\underset{26}{A}$

现浇混凝土梁

l_a

250

l_a

250

250

250

Φ6@200附加钢筋
或同规格钢筋焊接网

附加钢筋Φ6@200
或同规格钢筋焊接网

c a   b   a c

①外墙填充墙楼层处构造

建筑密封胶

$\downarrow\uparrow$ 10

填充聚乙烯
泡沫塑料

0.4a

$\downarrow\uparrow$ 5

建筑密封胶

c   b   δ a c

胀缝

c   b   δ a c

缩缝

注:1.a为外层混凝土厚,δ为保温板厚,b为结构墙体厚,均单体工程设计。
　　2.胀缝的间距不应超过20m,胀缝边沿50~100mm范围内应设置连接件;
　　　缩缝间距不应超过4m;各类装饰面层不应覆盖缩缝和胀缝。

李建民

审核

张培霖

校对

苗为之

设计

苗为之

制图

现浇外层混凝土　墙身连接二

图集号	19YJT118
页次	4

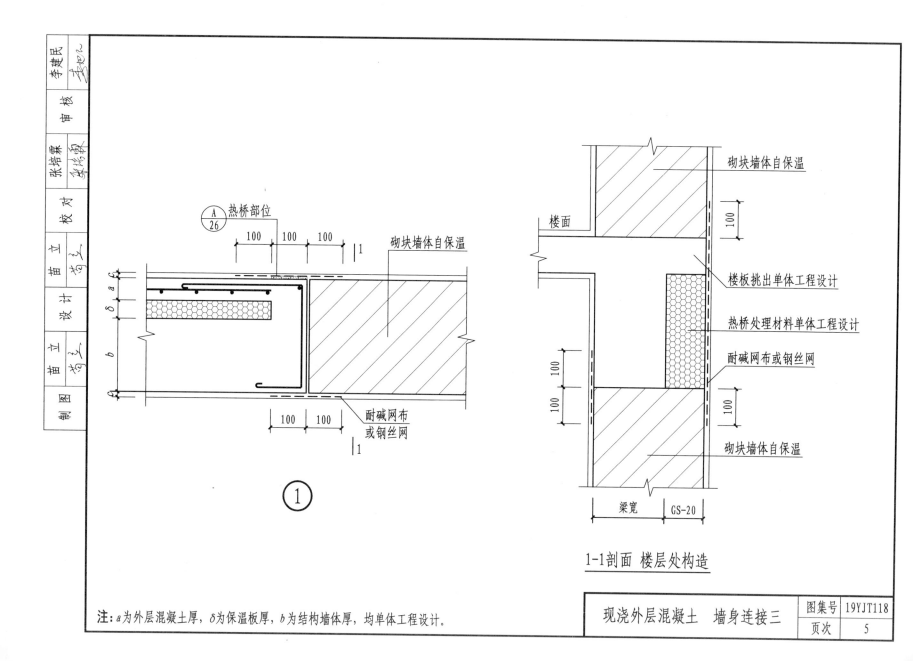

ⒶA/26 热桥部位

砌块墙体自保温

100 100 100

耐碱网布
或钢丝网

①

砌块墙体自保温

楼面

楼板挑出单体工程设计

热桥处理材料单体工程设计

耐碱网布或钢丝网

砌块墙体自保温

梁宽 GS-20

1-1剖面 楼层处构造

注：a为外层混凝土厚，δ为保温板厚，b为结构墙体厚，均单体工程设计。

现浇外层混凝土 墙身连接三

图集号 19YJT118

页次 5

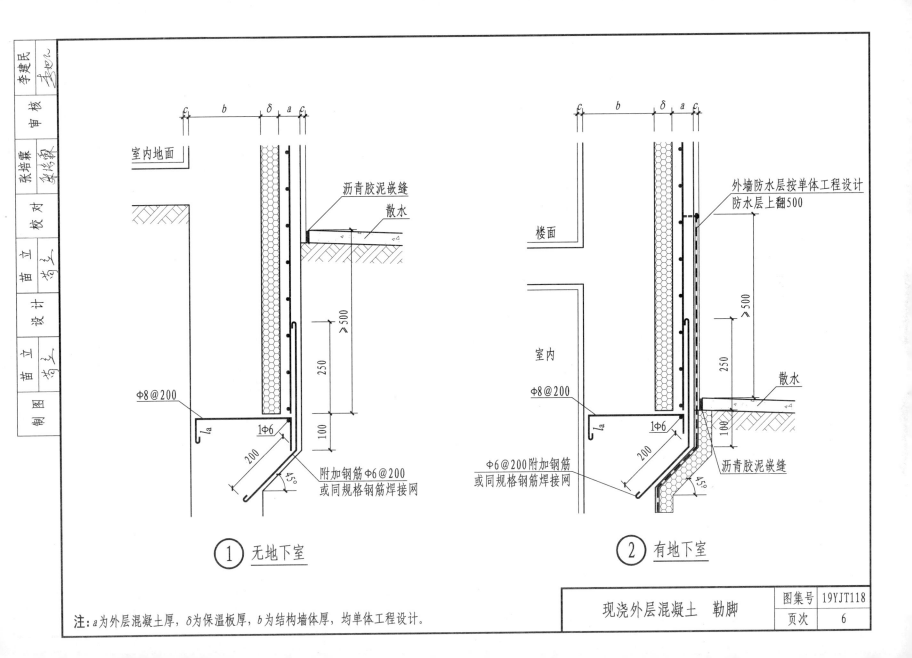

室内地面

沥青胶泥嵌缝

散水

Φ8@200

附加钢筋Φ6@200
或同规格钢筋焊接网

① 无地下室

楼面

外墙防水层按单体工程设计
防水层上翻500

室内

Φ8@200

Φ6@200附加钢筋
或同规格钢筋焊接网

沥青胶泥嵌缝

散水

② 有地下室

注：a为外层混凝土厚，δ为保温板厚，b为结构墙体厚，均单体工程设计。

现浇外层混凝土 勒脚

图集号 19YJT118

页次 6

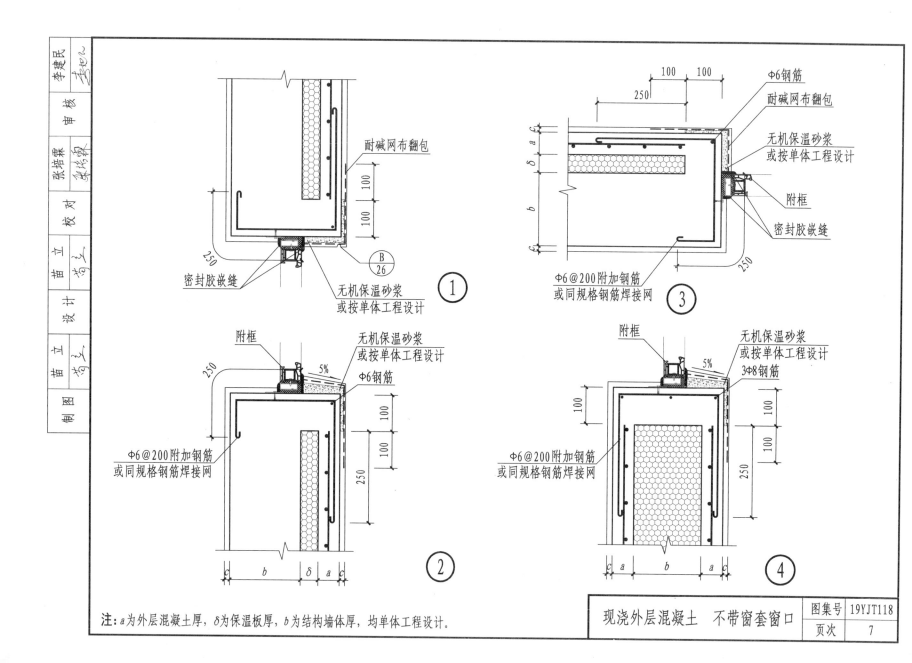

① 耐碱网布翻包

250 密封胶嵌缝

无机保温砂浆
或按单体工程设计

B
26

② 附框

无机保温砂浆
或按单体工程设计

5%

Φ6钢筋

Φ6@200附加钢筋
或同规格钢筋焊接网

③ Φ6钢筋

耐碱网布翻包

无机保温砂浆
或按单体工程设计

附框

密封胶嵌缝

Φ6@200附加钢筋
或同规格钢筋焊接网

250

④ 附框

无机保温砂浆
或按单体工程设计

5%

3Φ8钢筋

Φ6@200附加钢筋
或同规格钢筋焊接网

注:a为外层混凝土厚,δ为保温板厚,b为结构墙体厚,均单体工程设计。

现浇外层混凝土 不带窗套窗口

图集号 19YJT118

页次 7

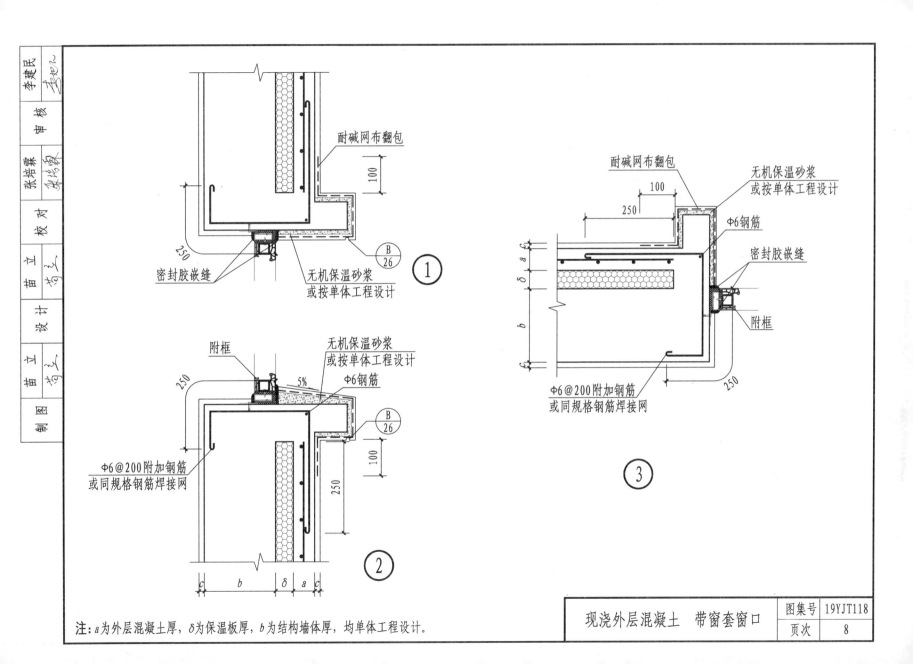

李建民

审核 张培霖 核对 苗立之 设计 苗立之 制图

耐碱网布翻包

100

250

密封胶嵌缝

无机保温砂浆
或按单体工程设计

B/26

①

无机保温砂浆
或按单体工程设计

附框

250

5%

Φ6钢筋

B/26

100

250

Φ6@200附加钢筋
或同规格钢筋焊接网

②

c | b | δ | a | c

耐碱网布翻包

无机保温砂浆
或按单体工程设计

100

250

Φ6钢筋

密封胶嵌缝

附框

250

Φ6@200附加钢筋
或同规格钢筋焊接网

③

c | a | δ | b | c

注:a为外层混凝土厚,δ为保温板厚,b为结构墙体厚,均单体工程设计。

现浇外层混凝土 带窗套窗口

图集号 19YJT118

页次 8

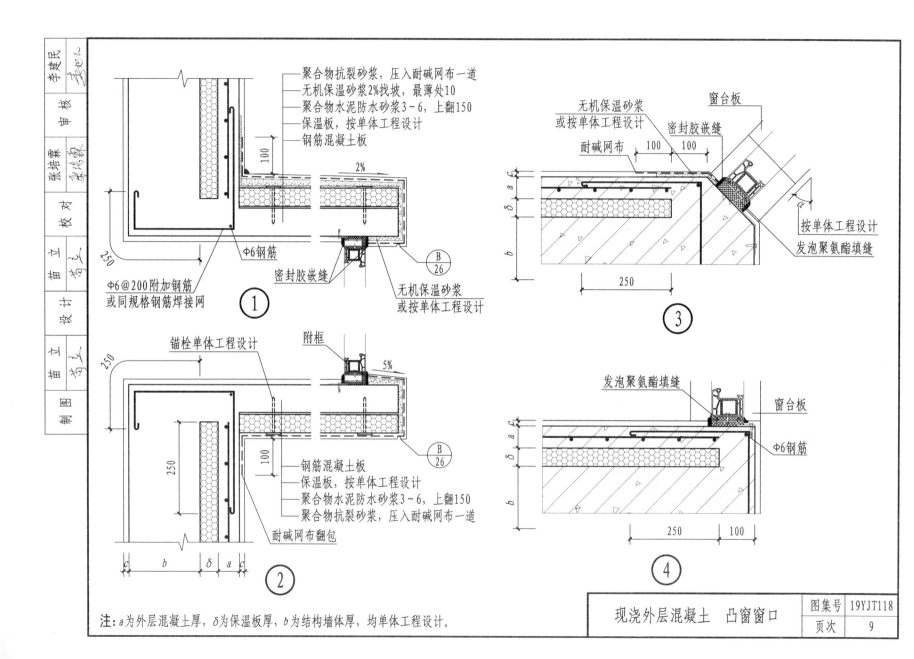

李建民

审核 张培霖

校对 苗立

设计 苗立

制图

聚合物抗裂砂浆，压入耐碱网布一道
无机保温砂浆2%找坡，最薄处10
聚合物水泥防水砂浆3～6，上翻150
保温板，按单体工程设计
钢筋混凝土板

100

2%

250

Φ6钢筋

B/26

Φ6@200附加钢筋
或同规格钢筋焊接网

密封胶嵌缝

无机保温砂浆
或按单体工程设计

①

锚栓单体工程设计

附框

5%

250

100

B/26

钢筋混凝土板
保温板，按单体工程设计
聚合物水泥防水砂浆3～6，上翻150
聚合物抗裂砂浆，压入耐碱网布一道

耐碱网布翻包

c b δ a c

②

无机保温砂浆
或按单体工程设计

窗台板

密封胶嵌缝

耐碱网布

100   100

δ a c

b

按单体工程设计
发泡聚氨酯填缝

③

发泡聚氨酯填缝

窗台板

δ a c

b

Φ6钢筋

250   100

④

注：a为外层混凝土厚，δ为保温板厚，b为结构墙体厚，均单体工程设计。

现浇外层混凝土 凸窗窗口

图集号 19YJT118

页次 9

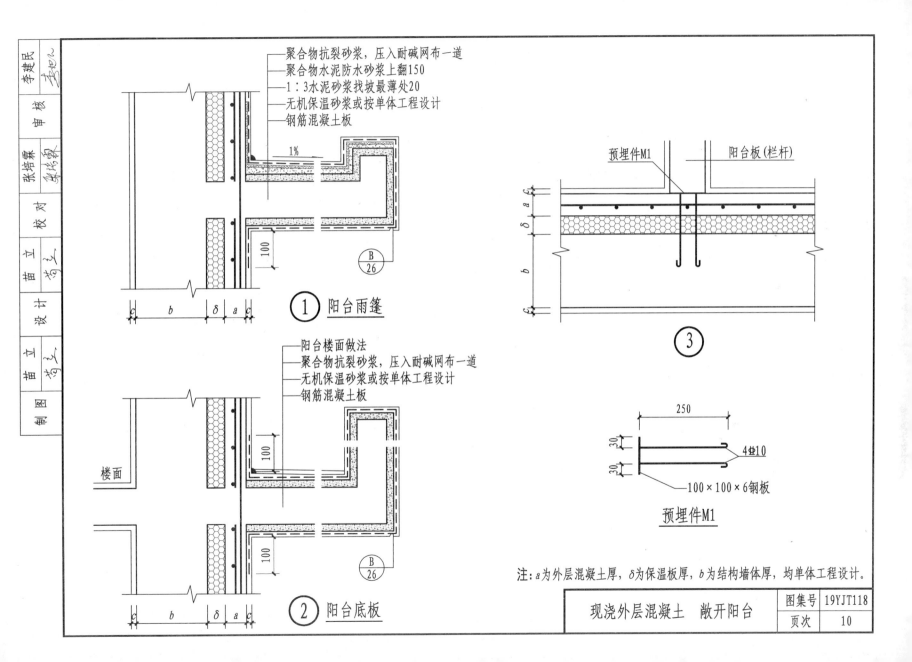

聚合物抗裂砂浆，压入耐碱网布一道
聚合物水泥防水砂浆上翻150
1:3水泥砂浆找坡最薄处20
无机保温砂浆或按单体工程设计
钢筋混凝土板

1%

B/26

① 阳台雨篷

阳台楼面做法
聚合物抗裂砂浆，压入耐碱网布一道
无机保温砂浆或按单体工程设计
钢筋混凝土板

楼面

B/26

② 阳台底板

预埋件M1
阳台板(栏杆)

③

250

30
30

4Φ10

100×100×6钢板

预埋件M1

注：a为外层混凝土厚，δ为保温板厚，b为结构墙体厚，均单体工程设计。

现浇外层混凝土　敞开阳台

图集号 19YJT118
页次 10

李建民
审核 李建民
审核 张培森 张培森
校对
苗立文 苗立文
设计 苗立文 苗立文
制图

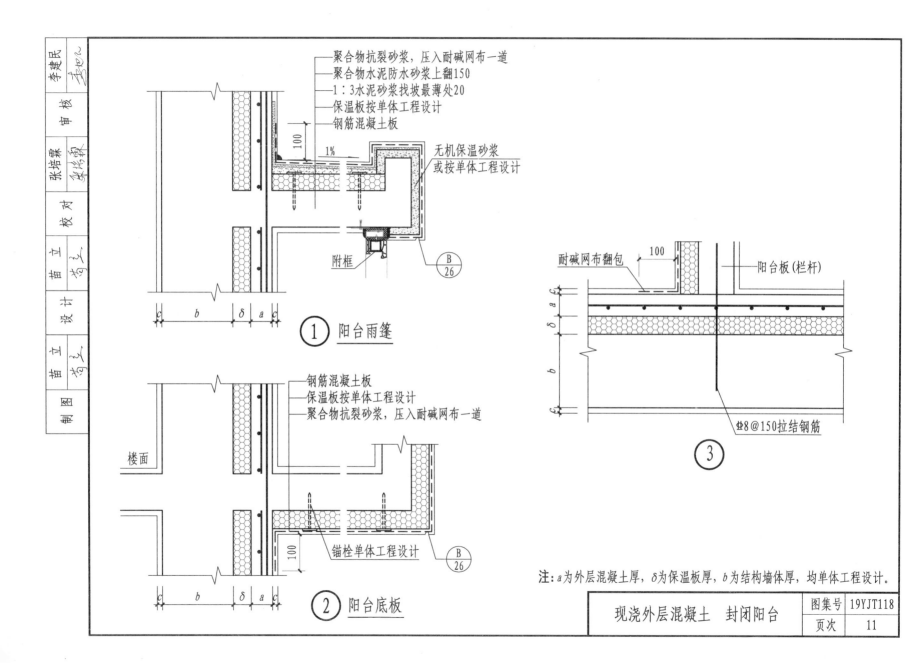

现浇外层混凝土 封闭阳台

图集号 19YJT118

页次 11

①阳台雨篷

聚合物抗裂砂浆，压入耐碱网布一道
聚合物水泥防水砂浆上翻150
1：3水泥砂浆找坡最薄处20
保温板按单体工程设计
钢筋混凝土板

100

1%

无机保温砂浆
或按单体工程设计

附框

B/26

c b δ a c

②阳台底板

钢筋混凝土板
保温板按单体工程设计
聚合物抗裂砂浆，压入耐碱网布一道

楼面

100

锚栓单体工程设计

B/26

c b δ a c

③

耐碱网布翻包

100

阳台板(栏杆)

c a δ b c

Ф8@150拉结钢筋

注：a为外层混凝土厚，δ为保温板厚，b为结构墙体厚，均单体工程设计。

李建民

审核

张培霖

校对

苗立

设计

苗立

制图

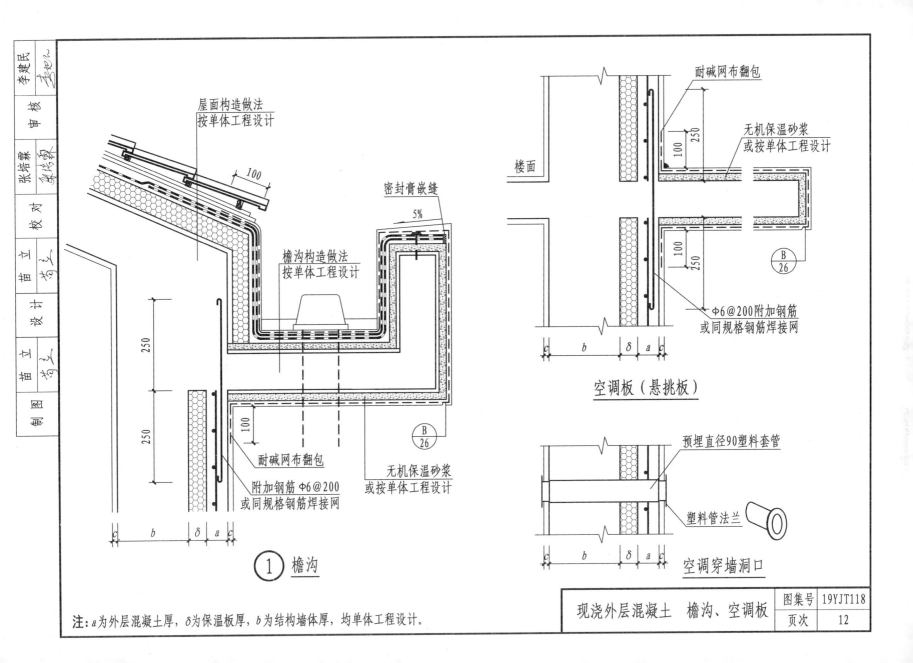

图集号 19YJT118

页次 12

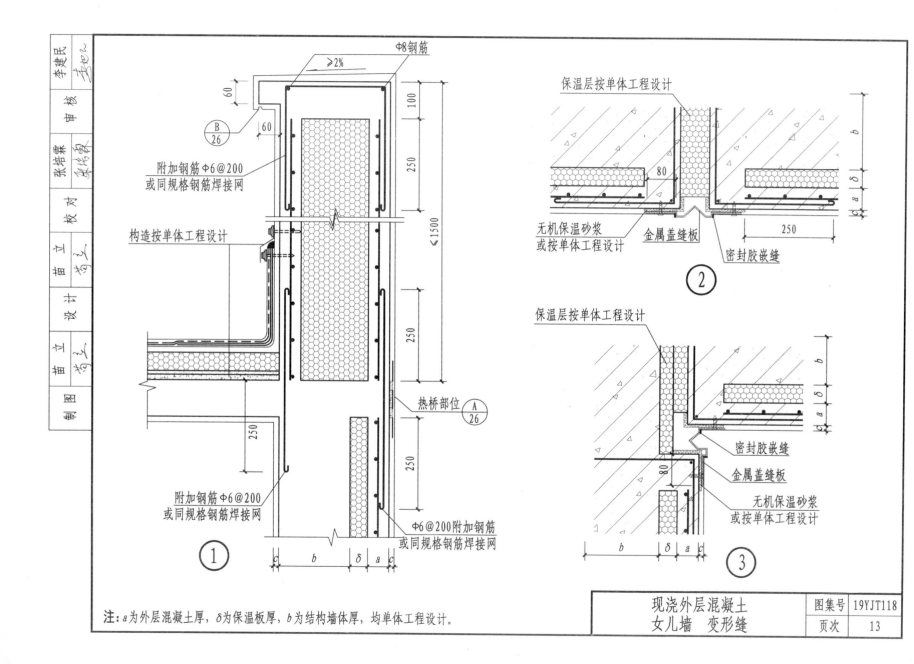

Φ8钢筋

≥2%

60

60

B/26

附加钢筋Φ6@200
或同规格钢筋焊接网

构造按单体工程设计

100

250

≤1500

250

250

附加钢筋Φ6@200
或同规格钢筋焊接网

Φ6@200附加钢筋
或同规格钢筋焊接网

热桥部位 A/26

250

①

c | b | δ | a | c

保温层按单体工程设计

80

无机保温砂浆
或按单体工程设计

金属盖缝板

密封胶嵌缝

250

b | c/a/δ | b

②

保温层按单体工程设计

80

密封胶嵌缝

金属盖缝板

无机保温砂浆
或按单体工程设计

b | δ | a | c | c/a/δ/b

③

注：a为外层混凝土厚，δ为保温板厚，b为结构墙体厚，均单体工程设计。

现浇外层混凝土
女儿墙 变形缝

图集号 19YJT118
页次 13

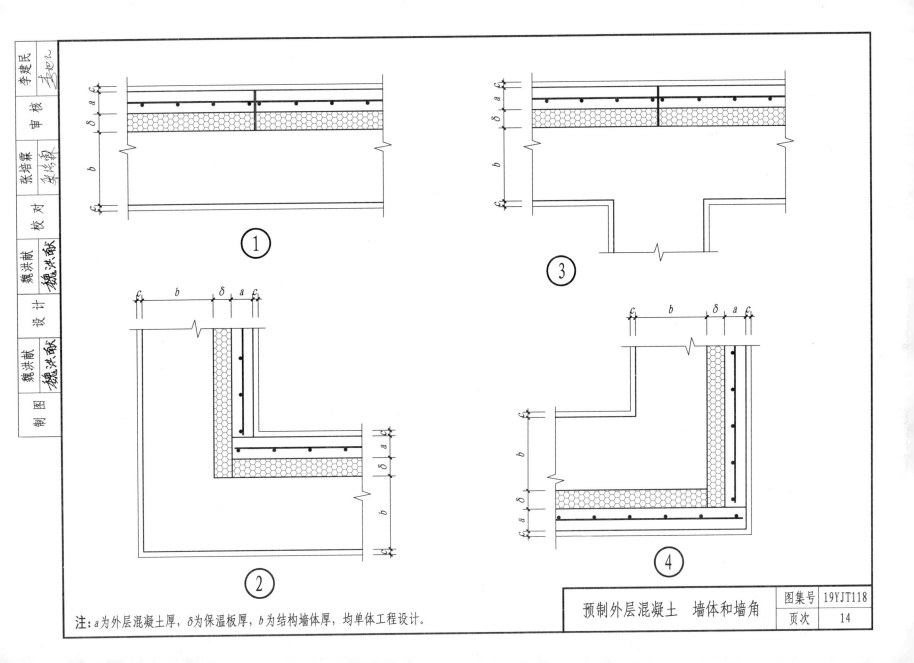

制 图　魏洪献　设 计　魏洪献　校 对　审 核　李建民

注：a为外层混凝土厚，δ为保温板厚，b为结构墙体厚，均单体工程设计。

预制外层混凝土　墙体和墙角	图集号　19YJT118
	页次　14

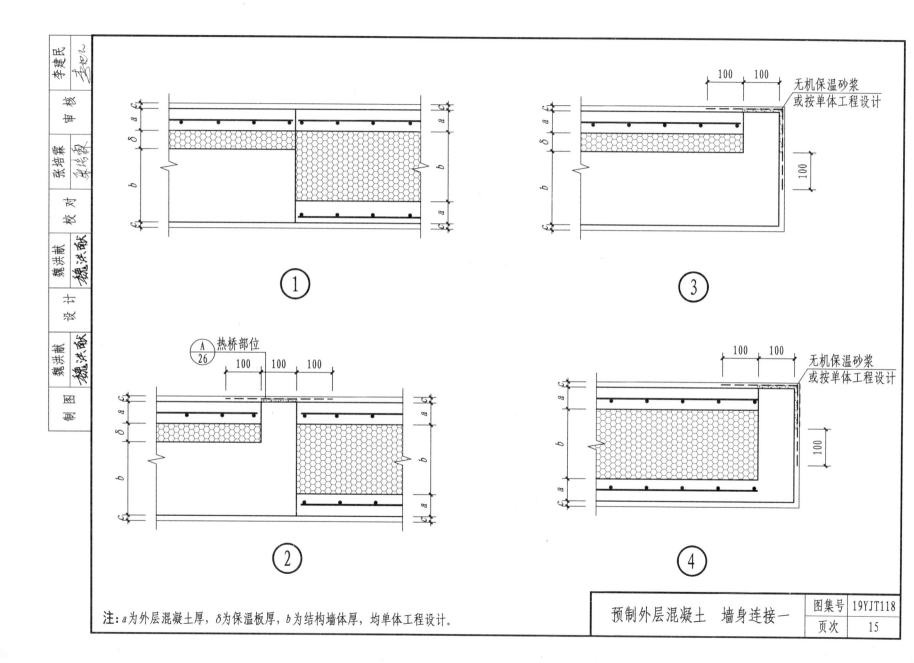

① ③

② ④

A/26 热桥部位

100 100

100 100 100

100 100

100

100

无机保温砂浆
或按单体工程设计

无机保温砂浆
或按单体工程设计

注：a为外层混凝土厚，δ为保温板厚，b为结构墙体厚，均单体工程设计。

预制外层混凝土 墙身连接一

图集号	19YJT118
页次	15

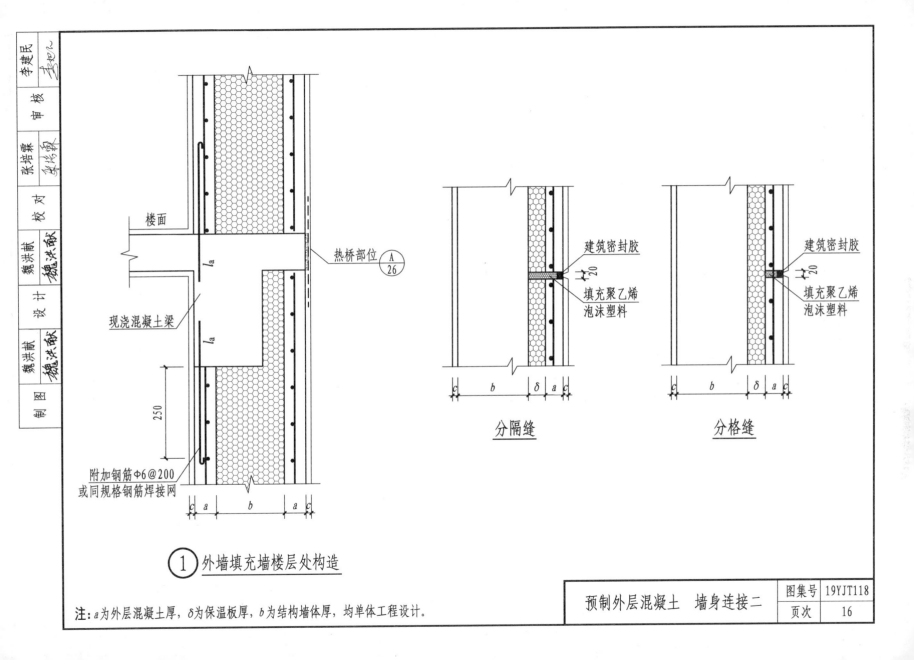

楼面

热桥部位 $\dfrac{A}{26}$

l_a

现浇混凝土梁

l_a

250

附加钢筋Φ6@200
或同规格钢筋焊接网

c a b a c

建筑密封胶

20

填充聚乙烯
泡沫塑料

c b δ a c

分隔缝

建筑密封胶

20

填充聚乙烯
泡沫塑料

c b δ a c

分格缝

① 外墙填充墙楼层处构造

注：a为外层混凝土厚，δ为保温板厚，b为结构墙体厚，均单体工程设计。

预制外层混凝土　墙身连接二

图集号	19YJT118
页次	16

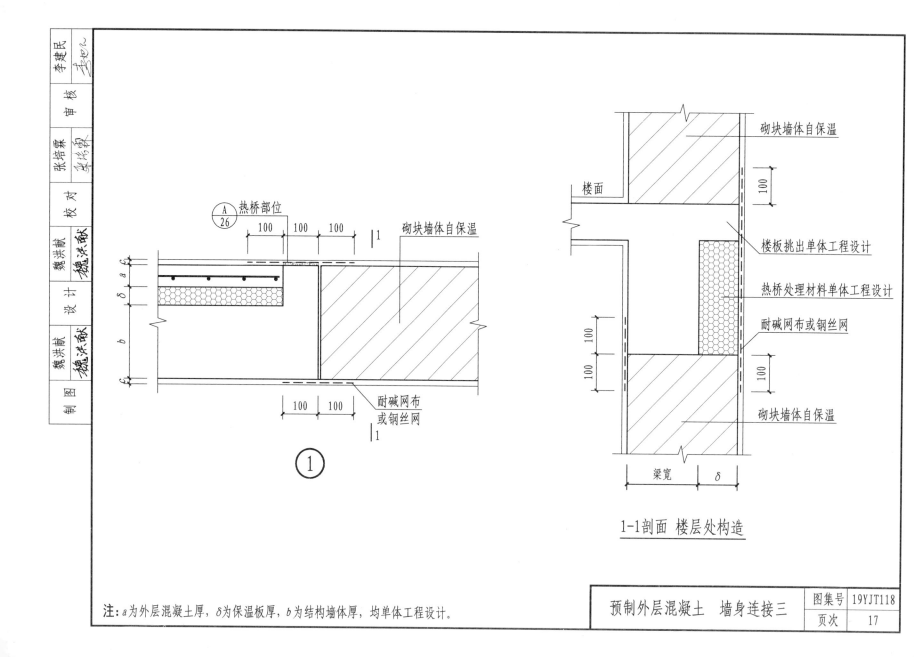

热桥部位

$\dfrac{A}{26}$

砌块墙体自保温

100 100 100

耐碱网布
或钢丝网

100 100

①

1-1剖面 楼层处构造

砌块墙体自保温

100

楼面

楼板挑出单体工程设计

热桥处理材料单体工程设计

耐碱网布或钢丝网

100

砌块墙体自保温

梁宽 δ

注：a为外层混凝土厚，δ为保温板厚，b为结构墙体厚，均单体工程设计。

预制外层混凝土 墙身连接三

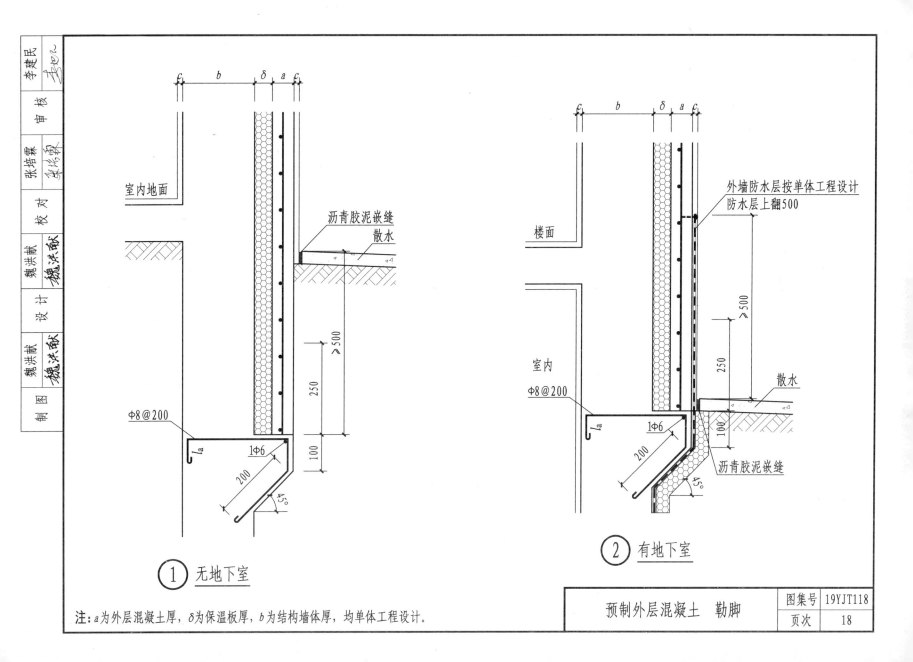

室内地面

沥青胶泥嵌缝

散水

Φ8@200

1Φ6

200

45°

250

100

≥500

① 无地下室

楼面

外墙防水层按单体工程设计
防水层上翻500

室内

Φ8@200

散水

1Φ6

200

45°

沥青胶泥嵌缝

250

100

≥500

② 有地下室

注：a为外层混凝土厚，δ为保温板厚，b为结构墙体厚，均单体工程设计。

预制外层混凝土 勒脚

图集号 19YJT118

页次 18

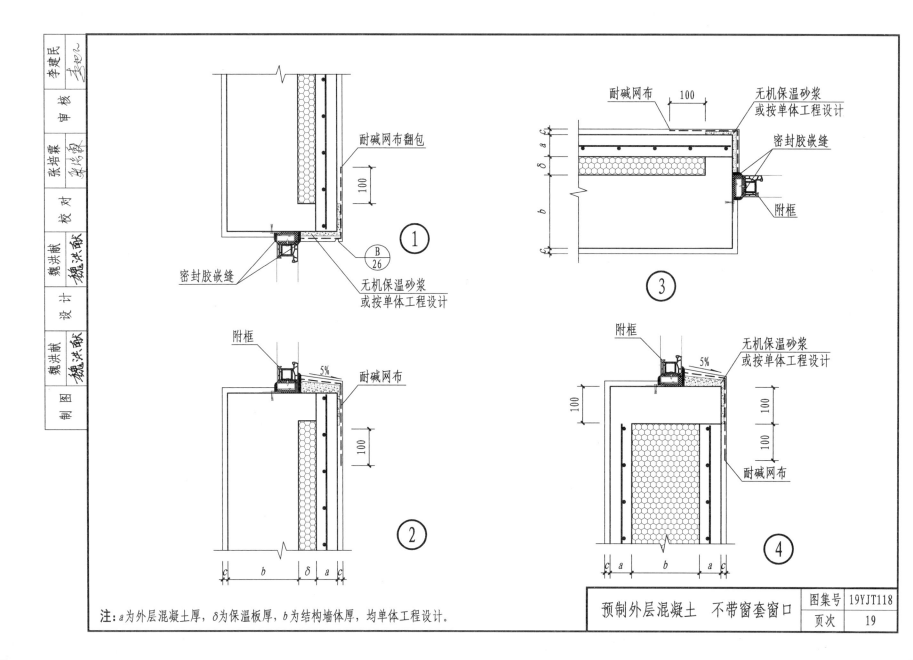

耐碱网布翻包

100

① B/26

密封胶嵌缝

无机保温砂浆
或按单体工程设计

耐碱网布 100

密封胶嵌缝

无机保温砂浆
或按单体工程设计

附框

③

附框

5%

耐碱网布

100

②

附框

5%

无机保温砂浆
或按单体工程设计

100

100

耐碱网布

④

注：a为外层混凝土厚，δ为保温板厚，b为结构墙体厚，均单体工程设计。

预制外层混凝土　不带窗套窗口

图集号 19YJT118
页次 19

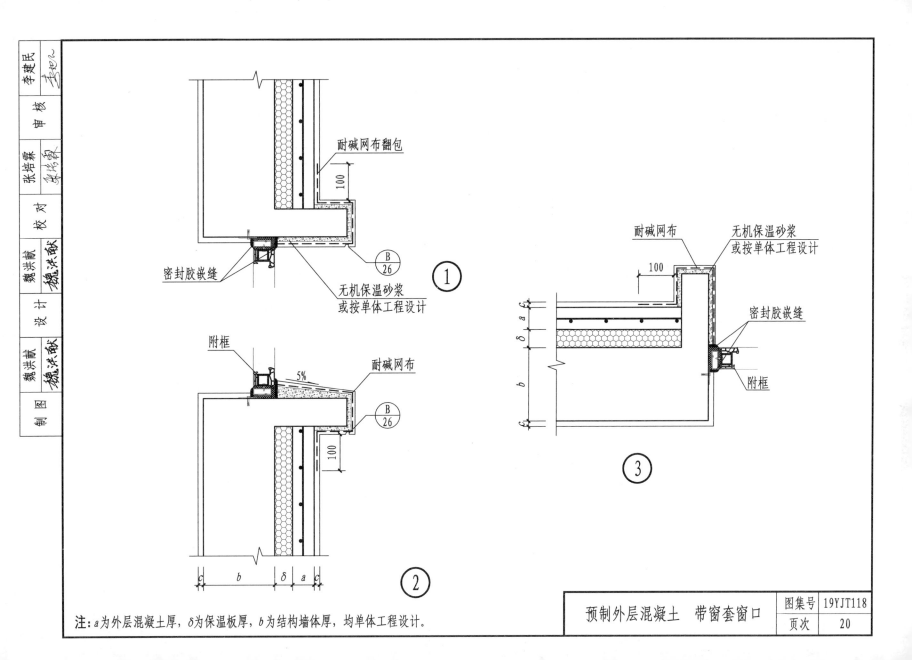

耐碱网布翻包

100

B
26

①

密封胶嵌缝

无机保温砂浆
或按单体工程设计

耐碱网布

无机保温砂浆
或按单体工程设计

100

密封胶嵌缝

δ a c

δ

b

c

附框

③

附框

5%

耐碱网布

B
26

100

c | b | δ | a | c

②

注：a为外层混凝土厚，δ为保温板厚，b为结构墙体厚，均单体工程设计。

预制外层混凝土　带窗套窗口

图集号 19YJT118

页次 20

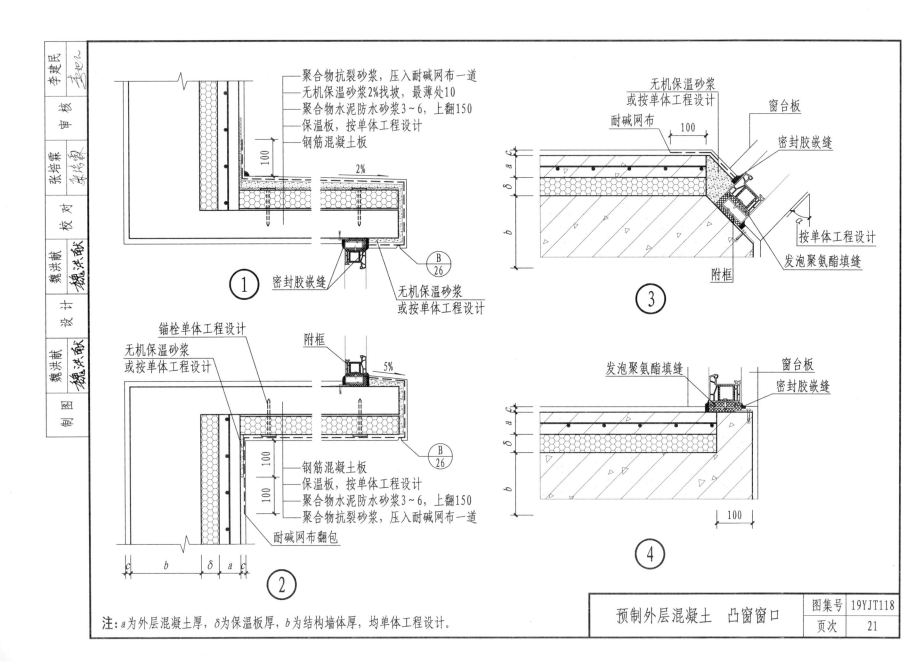

聚合物抗裂砂浆，压入耐碱网布一道
无机保温砂浆2%找坡，最薄处10
聚合物水泥防水砂浆3～6，上翻150
保温板，按单体工程设计
钢筋混凝土板

2%

100

①

B
26

密封胶嵌缝

无机保温砂浆
或按单体工程设计

无机保温砂浆
或按单体工程设计

锚栓单体工程设计

附框

5%

B
26

100

100

钢筋混凝土板
保温板，按单体工程设计
聚合物水泥防水砂浆3～6，上翻150
聚合物抗裂砂浆，压入耐碱网布一道

耐碱网布翻包

c b δ a c

②

无机保温砂浆
或按单体工程设计

耐碱网布

100

窗台板

密封胶嵌缝

δ a c

b

按单体工程设计

发泡聚氨酯填缝

附框

③

发泡聚氨酯填缝

窗台板

密封胶嵌缝

δ a c

b

100

④

注：a为外层混凝土厚，δ为保温板厚，b为结构墙体厚，均单体工程设计。

预制外层混凝土 凸窗窗口

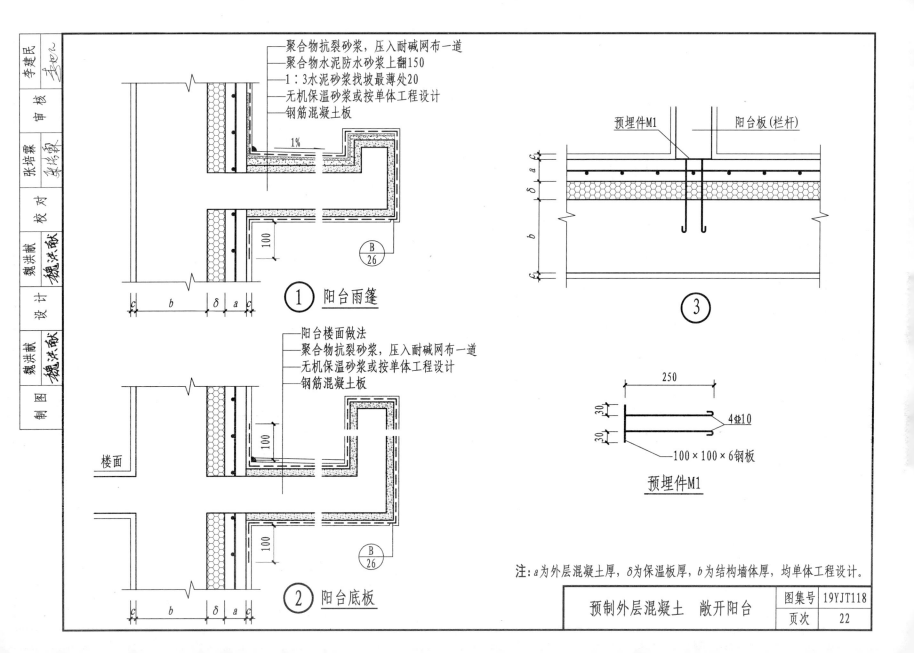

聚合物抗裂砂浆,压入耐碱网布一道
聚合物水泥防水砂浆上翻150
1:3水泥砂浆找坡最薄处20
无机保温砂浆或按单体工程设计
钢筋混凝土板

1%

100

B
26

① 阳台雨篷

预埋件M1　　　阳台板(栏杆)

③

阳台楼面做法
聚合物抗裂砂浆,压入耐碱网布一道
无机保温砂浆或按单体工程设计
钢筋混凝土板

楼面

100

100

B
26

② 阳台底板

250

30

30

4 Φ 10

100×100×6钢板

预埋件M1

注:a为外层混凝土厚,δ为保温板厚,b为结构墙体厚,均单体工程设计。

李建民
审核
张培霖
校对
魏洪献
设计
魏洪献
制图

预制外层混凝土 敞开阳台

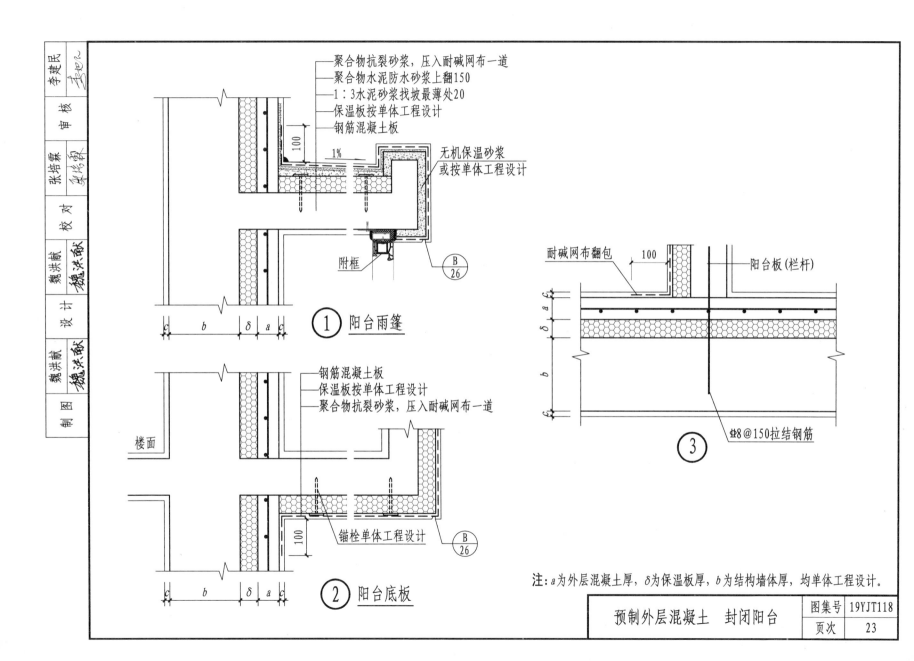

聚合物抗裂砂浆，压入耐碱网布一道
聚合物水泥防水砂浆上翻150
1：3水泥砂浆找坡最薄处20
保温板按单体工程设计
钢筋混凝土板

100

1%

无机保温砂浆
或按单体工程设计

附框

B/26

c　b　δ　a　c

① 阳台雨篷

钢筋混凝土板
保温板按单体工程设计
聚合物抗裂砂浆，压入耐碱网布一道

楼面

100

锚栓单体工程设计

B/26

c　b　δ　a　c

② 阳台底板

耐碱网布翻包

100

阳台板(栏杆)

a c
δ

b

c

Φ8@150拉结钢筋

③

注：a为外层混凝土厚，δ为保温板厚，b为结构墙体厚，均单体工程设计。

预制外层混凝土　封闭阳台

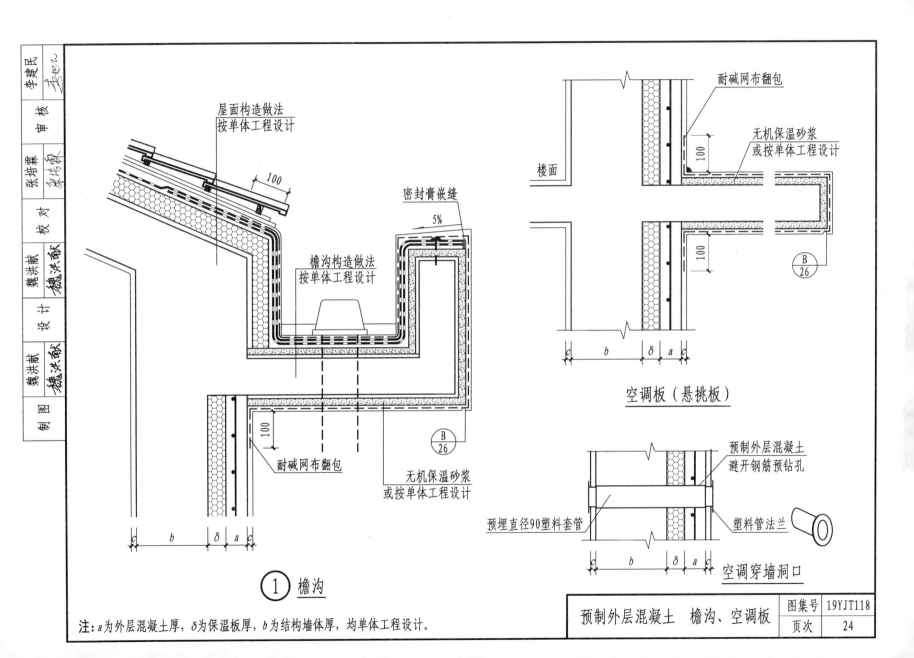

屋面构造做法
按单体工程设计

100

密封膏嵌缝

5%

檐沟构造做法
按单体工程设计

B
26

耐碱网布翻包

无机保温砂浆
或按单体工程设计

100

① 檐沟

c b δ a c

耐碱网布翻包

无机保温砂浆
或按单体工程设计

B
26

楼面

耐碱网布翻包

无机保温砂浆
或按单体工程设计

100

100

B
26

c b δ a c

空调板（悬挑板）

预制外层混凝土
避开钢筋预钻孔

预埋直径90塑料套管

塑料管法兰

c b δ a c

空调穿墙洞口

注：a为外层混凝土厚，δ为保温板厚，b为结构墙体厚，均单体工程设计。

预制外层混凝土 檐沟、空调板

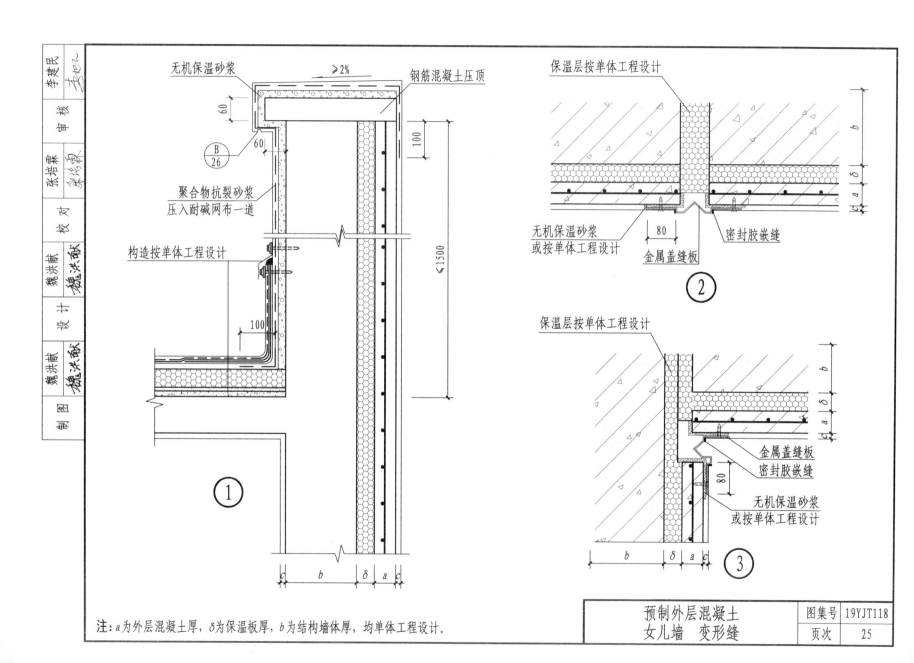

无机保温砂浆

≥2%

钢筋混凝土压顶

60

60

B
26

100

聚合物抗裂砂浆
压入耐碱网布一道

≤1500

构造按单体工程设计

100

①

c b δ a c

保温层按单体工程设计

b

δ a c

无机保温砂浆
或按单体工程设计

80

金属盖缝板

密封胶嵌缝

②

保温层按单体工程设计

b

δ a c

金属盖缝板

密封胶嵌缝

80

无机保温砂浆
或按单体工程设计

b δ a c

③

注：a为外层混凝土厚，δ为保温板厚，b为结构墙体厚，均单体工程设计。

预制外层混凝土
女儿墙 变形缝

图集号 19YJT118

页次 25

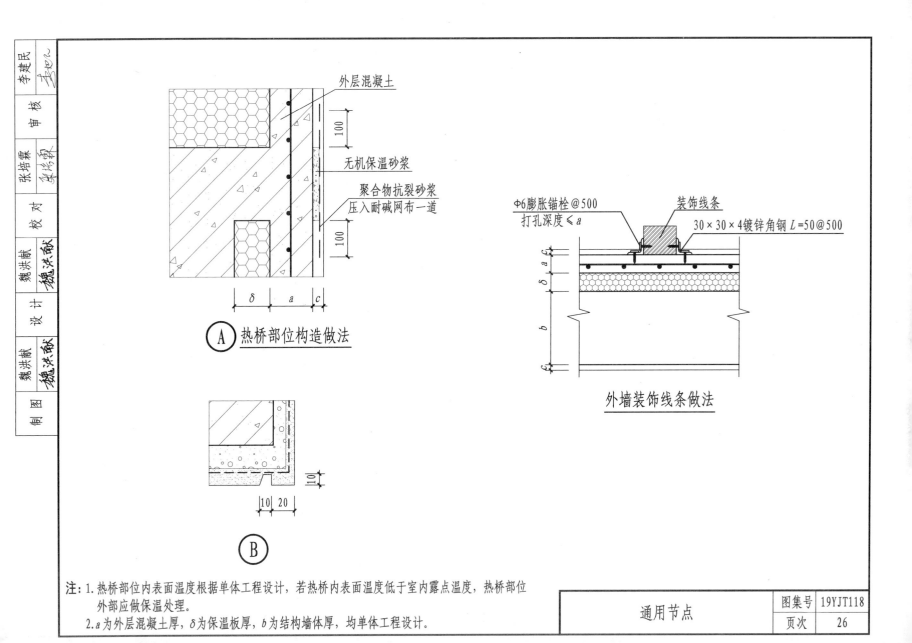

外层混凝土

无机保温砂浆

聚合物抗裂砂浆
压入耐碱网布一道

δ　a　c

Ⓐ 热桥部位构造做法

Ⓑ

Φ6膨胀锚栓@500
打孔深度≤a

装饰线条

30×30×4镀锌角钢 L=50@500

a c

δ a c

b

c

外墙装饰线条做法

<table>
<tr><td>李建民</td></tr>
<tr><td>审 核</td></tr>
<tr><td>张培霖</td></tr>
<tr><td>校 对</td></tr>
<tr><td>魏洪献</td></tr>
<tr><td>设 计</td></tr>
<tr><td>魏洪献</td></tr>
<tr><td>制 图</td></tr>
</table>

注：1. 热桥部位内表面温度根据单体工程设计，若热桥内表面温度低于室内露点温度，热桥部位
　　　外部应做保温处理。
　　2. a为外层混凝土厚，δ为保温板厚，b为结构墙体厚，均单体工程设计。

通用节点

图集号 19YJT118

页次 26